**"十三五"普通高等教育规划教材**

工程机械
实训指导

史春雪　庞小兵　主　编
尚志红　杨兴发　副主编
李自光　主审

GONGCHENG JIXIE
SHIXUN ZHIDAO

 化学工业出版社
·北京·

本书内容分上、中、下三篇，分别就工程机械的基本组成即发动机、底盘和工作装置的相关实训内容展开。上篇主要介绍发动机两大机构和五大系统的拆装及调整实训；中篇主要介绍底盘的四大系统重要部件的拆装及调整；下篇为常见工程机械工作装置故障诊断与检测实训。

　　汽车主要是由发动机和底盘组成的，而工程机械除具备发动机和底盘外，还拥有帮助其实现工作目的的工作装置。考虑到工程机械专业与汽车、车辆工程等相关专业关于实训设备的共用性，以及以汽车的相似零部件展开实训工作的便利性，本书上篇和中篇多以汽车的相应零部件作为实训设备，而下篇内容则以工程机械工作装置的故障诊断与检测来展开。

　　本书可作为高等院校培养工程机械设计人才的教科书，也可作为工程机械设计、制造及使用维护等工程技术人员的参考书。

图书在版编目（CIP）数据

工程机械实训指导/史春雪，庞小兵主编. —北京：化学工业出版社，2017.9（2020.9重印）

"十三五"普通高等教育规划教材

ISBN 978-7-122-28404-4

Ⅰ.①工⋯　Ⅱ.①史⋯②庞⋯　Ⅲ.①工程机械-高等学校-教学参考资料　Ⅳ.①TU6

中国版本图书馆 CIP 数据核字（2016）第 254506 号

责任编辑：闫　敏　朱　理　　　　　　　文字编辑：徐一丹
责任校对：王素芹　　　　　　　　　　　装帧设计：张　辉

出版发行：化学工业出版社（北京市东城区青年湖南街 13 号　邮政编码 100011）
印　　装：北京虎彩文化传播有限公司
787mm×1092mm　1/16　印张 9　字数 221 千字　2020 年 9 月北京第 1 版第 3 次印刷

购书咨询：010-64518888　　　　　　售后服务：010-64518899
网　　址：http://www.cip.com.cn
凡购买本书，如有缺损质量问题，本社销售中心负责调换。

定　　价：32.00 元　　　　　　　　　　　　　　　　　版权所有　违者必究

前言

　　工程机械是国民经济建设的重要装备，工程机械行业是国家确定的装备制造业中的重点行业，行业的发展与国民经济现代化发展和基础设施水平息息相关。近年来我国工程机械行业的快速发展，提出了对工程机械专业人才培养的需求。

　　本书是根据普通高等院校机械大类工程机械专业（方向）应用型人才培养的需要而组织编写的，可以与《工程机械设计指导》（庞小兵、史春雪主编）配套使用。设计和实训是机械专业重要的实践环节，在应用型本科人才培养中，都具有举足轻重的作用。

　　本书内容分上、中、下三篇，分别就工程机械的基本组成即发动机、底盘和工作装置的相关实训内容展开。上篇主要介绍发动机两大机构和五大系统的拆装及调整实训；中篇主要介绍底盘的四大系统重要部件的拆装及调整；下篇为常见工程机械工作装置故障诊断与检测实训。

　　汽车主要是由发动机和底盘组成的，而工程机械除具备发动机和底盘外，还拥有帮助其实现工作目的的工作装置。考虑到工程机械专业与汽车、车辆工程等相关专业关于实训设备的共用性，以及以汽车的相似零部件展开实训工作的便利性，本书上篇和中篇多以汽车的相应零部件作为实训设备，而下篇内容则以工程机械工作装置的故障诊断与检测来展开。

　　本书可作为高等院校培养工程机械设计人才的教科书，也可作为工程机械设计、制造及使用维护等工程技术人员的参考书。

　　本书由长沙学院史春雪、庞小兵担任主编，上海中联重科桩工机械有限公司尚志红、长沙学院杨兴发担任副主编。参与本书编写的还有长沙学院许焰、郝诗明、唐蒲华、朱宗铭、向阳辉、黄升宇、段想平，上海中联重科桩工机械有限公司常延沛、朱长林。

　　本书由长沙理工大学李自光教授主审。

　　本书编写过程中得到了上海中联重科桩工机械有限公司的大力支持，在此表示由衷的感谢。

　　限于水平和实际经验有限，书中不足和疏漏之处在所难免，敬请读者批评指正。

编者

目录

上篇　发动机实训

中篇　底盘实训

下篇　工程机械维护与故障诊断

上篇　发动机实训

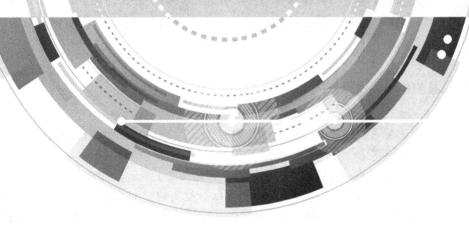

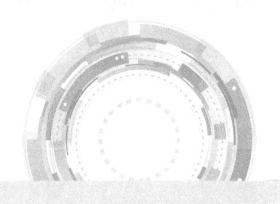

实训项目一

实训常用工量具

一、实训参考课时

2 课时。

二、实训目的及要求

① 了解常用工具和量具的种类和作用。
② 掌握各种扳手、榔头、撬棒、铜棒等常用拆装工具的使用方法。
③ 掌握各种量具的使用方法。
④ 掌握举升器、吊车、千斤顶等举升机具的使用方法和要求。

三、实训设备及工量具

各种扳手、活塞环拆装钳、气门弹簧拆装架、滑脂枪（黄油枪）、千斤顶、车辆举升器、起重吊车等；钢板尺、卡钳、游标卡尺、外径千分尺、百分表、量缸表、厚薄规（塞尺）。

四、实训内容

（一）拆装工具的作用和使用方法

1. 扳手

扳手用以紧固或拆卸带有棱边的螺母和螺栓，常用的扳手有开口扳手、梅花扳手、套筒扳手、活动扳手、管子扳手等。

（1）开口扳手　是最常见的一种扳手，又称呆扳手，如图 1-1 所示。其开口的中心平面和本体中心平面成 15°角，这样既能适应人手的操作方向，又可降低对操作空间的要求。其规格是以两端开口的宽度 S（mm）来表示的，如 8～10mm、12～14mm 等；通常是成套装备，有八件一套、十件一套等；通常用 45 号、50 号钢锻造，并经热处理。

（2）梅花扳手　梅花扳手同开口扳手的用途相似。其两端是花环式的。其孔壁一般是 12 边形，可将螺栓和螺母头部套住，扭转力矩大，工作可靠，不易滑脱，携带方便。如图 1-2 所示。使用时，扳动 30°后，即可换位再套，因而适用于狭窄场合下操作。与开口扳手相比，梅花扳手强度高，使用时不易滑脱，但套上、取下不方便。其规格以闭口尺寸 S（mm）来表示，如 8～10mm、12～14mm 等；通常是成套装备，有八件一套、十件一套等；通常用 45 号钢或 40Cr 锻造，并经热处理。

图 1-1　开口扳手

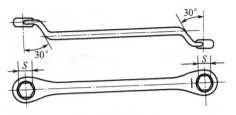

图 1-2　梅花扳手

（3）套筒扳手　套筒扳手的材料、环孔形状与梅花扳手相同，适用于拆装位置狭窄或需要一定扭矩的螺栓或螺母，如图 1-3 所示。套筒扳手主要由套筒头、滑头手柄、棘轮手柄、快速摇柄、接头和接杆等组成，各种手柄适用于各种不同的场合，以操作方便或提高效率为原则，常用套筒扳手的规格是 10～32mm。在车辆维修中还采用了许多专用套筒扳手，如火花塞套筒、轮毂套筒、轮胎螺母套筒等。如图 1-4 和图 1-5 所示。

（4）活动扳手　其开口尺寸能在一定的范围内任意调整，使用场合与开口扳手相同，但活动扳手操作起来不太灵活。如图 1-6 所示，其规格是以最大开口宽度（mm）来表示的，常用的有

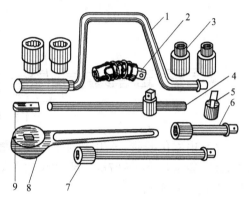

图 1-3　套筒扳手

1—快速摇柄；2—万向接头；3—套筒头；4—滑头手柄；5—旋具接头；6—短接杆；7—长接杆；8—棘轮手柄；9—直接杆

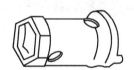

(a) 叉形凸缘及转向螺母套筒扳手

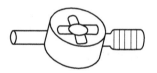

(b) 气门芯扳手

图 1-4　专用套筒扳手（1）

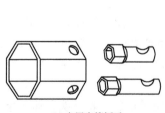

(a) 专用套筒扳手

(b) 轮胎螺栓套筒扳手

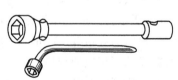

(c) 火花塞套筒扳手

图 1-5　专用套筒扳手（2）

150mm、300mm 等，通常是由碳素钢或铬钢制成的。

（5）扭力扳手　是一种可读出所施扭矩大小的专用工具，如图 1-7 所示。其规格是以最大可测扭矩来划分的，常用的有 294N·m、490N·m 两种。扭力扳手除用来控制螺纹件旋紧力矩外，还可以用来测量旋转件的启动转矩，以检查配合、装配情况。

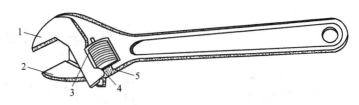

图 1-6　活动扳手

1—扳手体；2—活动扳口；3—蜗轮；4—蜗杆；5—蜗杆轴

图 1-7　扭力扳手及使用

（6）内六角扳手　是用来拆装内六角螺栓（螺塞）用的，如图 1-8 所示。规格以六角形对边尺寸表示，有 3～27mm 尺寸的 13 种，车辆维修作业中使用成套内六角扳手拆装 M4～M30 的内六角螺栓。

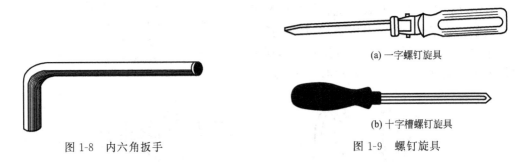

(a) 一字螺钉旋具

(b) 十字槽螺钉旋具

图 1-8　内六角扳手　　　　　　　　　图 1-9　螺钉旋具

2. 螺钉旋具

螺钉旋具俗称螺丝刀，主要用于旋松或旋紧有槽螺钉。螺钉旋具（以下简称旋具）有很多类型，其区别主要是尖部形状，每种类型的旋具都按长度不同分为若干规格。常用的旋具是一字螺钉旋具和十字槽螺钉旋具。

（1）一字螺钉旋具　又称一字起子、平口改锥，用于旋紧或松开头部开一字槽的螺钉，如图 1-9(a) 所示。一般工作部分用碳素工具钢制成，并经淬火处理。其规格以刀体部分的长度表示，常用的规格有 100mm、150mm、200mm 和 300mm 等几种。使用时，应根据螺钉沟槽的宽度选用相应的规格。

（2）十字槽螺钉旋具　又称十字形起子、十字改锥，用于旋紧或松开头部带十字沟槽的螺钉，材料和规格与一字螺钉旋具相同，如图 1-9(b) 所示。

3. 钳子

钳子多用来弯曲或安装小零件、剪断导线或螺栓等。钳子有很多类型和规格。

（1）鲤鱼钳和克丝钳　如图 1-10 所示，鲤鱼钳钳头的前部是平口细齿，适用于夹捏一般小零件；中部凹口粗长，用于夹持圆柱形零件，也可以代替扳手旋小螺栓、小螺母；钳口后部的刃口可剪切金属丝。

由于一片钳体上有两个互相贯通的孔，又有一个特殊的销子，所以操作时钳口的张开度可很方便地变化，以适应夹持不同大小的零件，是车辆维修作业中使用最多的手钳。其规格以钳长来表示，一般有 165mm、200mm 两种，用 50 号钢制造。

克丝钳的用途和鲤鱼钳相仿，但其支销相对于两片钳体是固定的，故使用时不如鲤鱼钳灵活，但剪断金属丝的效果比鲤鱼钳要好，规格有 150mm、175mm、200mm 三种。

（2）尖嘴钳　如图 1-10 所示，因其头部细长，所以能在较小的空间内工作，带刃口的能剪切细小零件，使用时不能用力太大，否则钳口头部会变形或断裂。其规格以钳长来表示，常用 160mm 一种。

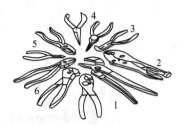

图 1-10　常用钳子类型

1—鲤鱼钳；2—夹紧钳；3—钩钳；

4—尖嘴钳；5—组合

钢丝钳；6—剪钳

在发动机维修中，应根据作业内容选用适当类型和规格（按长度分）的钳子，不能用钳子拧紧或旋松螺纹连接件，以防止螺纹件被倒圆，也不可用钳子当撬棒或锤子使用，以免钳子损坏。

4. 锤子

车辆维修中常用锤子有手锤、木锤和橡胶锤。手锤通常用工具钢制成，规格按锤头质量划分。使用时应使锤头安装牢靠，手握锤柄末端，用锤头正面击打物体。木锤和橡胶锤主要用于击打零件加工表面，以保护零件不被损坏。

5. 活塞环拆装钳

活塞环拆装钳是一种专门用于拆装活塞环的工具，如图 1-11 所示。维修时，必须使用活塞环拆装钳拆装活塞环。

使用活塞环拆装钳时，将拆装钳上的环卡卡住活塞环开口，握住手把稍稍均匀地用力，使拆装钳手把慢慢地收缩，环卡将活塞环徐徐地张开，使活塞环能从活塞环槽中取出或装入。

使用活塞环拆装钳拆装活塞环时，用力必须均匀，以避免用力过猛而导致活塞环折断，同时也能避免伤手事故。

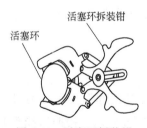

图 1-11　活塞环拆装钳

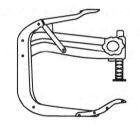

图 1-12　气门弹簧拆装架

6. 气门弹簧拆装架

气门弹簧拆装架是一种专门用于拆装顶置气门弹簧的工具，如图 1-12 所示。使用时，将拆装架托架抵住气门，压环对正气门弹簧座，然后压下手柄，使得气门弹簧被压缩。这时可取下气门弹簧锁销或锁片，慢慢地松抬手柄，即可取出气门弹簧座、气门弹簧和气门等。

7. 拉器

拉器是用于拆卸过盈配合安装在轴上的齿轮或轴承等零件的专用工具，如图 1-13 所示。

常用拉器为手动式，在一杆式弓形叉上装有压力螺杆和拉爪。使用时，在轴端与压力螺杆之间垫一块垫板，用拉器的拉爪拉住齿轮或轴承，然后拧紧压力螺杆，即可从轴上拉下齿轮等过盈配合安装零件。

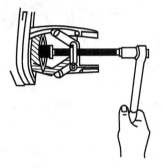
图 1-13　拉器

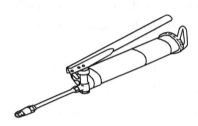
图 1-14　滑脂枪

8. 滑脂枪

滑脂枪又称黄油枪，如图 1-14 所示，是一种专门用来加注润滑脂（黄油）的工具。

（1）填装黄油

① 拉出拉杆使柱塞后移，拧下滑脂枪缸筒前盖。

② 把干净黄油分成团状，徐徐装入缸筒内，且使黄油团之间尽量相互贴紧，便于缸筒内的空气排出。

③ 装回前盖，推回拉杆，柱塞在弹簧作用下前移，使黄油处于压缩状态。

（2）注油方法

① 把滑脂枪接头对正被润滑的黄油嘴（滑脂嘴），直进直出，不能偏斜，以免影响黄油加注，减少润滑脂的浪费。

② 注油时，如注不进油，应立即停止，并查明堵塞的原因，排除后再进行注油。

（3）加注润滑脂时不进油的主要原因

① 滑脂枪缸筒内无黄油或压力缸筒内的黄油间有空气。

② 滑脂枪压油阀堵塞或注油接头堵塞。

③ 滑脂枪弹簧疲劳过软而造成弹力不足或弹簧折断而失效。

④ 柱塞磨损过甚而导致漏油。

⑤ 油脂嘴被泥污堵塞而不能注入黄油。

9. 千斤顶

千斤顶是一种最常用、最简单的起重工具，按照其工作原理可分为机械丝杆式和液压式，如图 1-15 所示。按照所能顶起的质量可分为 3000kg、5000kg、9000kg 等多种不同规格。目前广泛使用的是液压式千斤顶。

现以液压式千斤顶为例，介绍其使用方法：①起顶车辆前，应把千斤顶顶面擦拭干净，拧紧液压开关，把千斤顶放置在被顶部位的下部，并使千斤顶与被顶部位相互垂直，以防千斤顶滑出而造成事故。②旋转顶面螺杆，改变千斤顶顶面

(a) 机械丝杆式

(b) 液压式

图 1-15　千斤顶

与被顶部位的原始距离，使起顶高度符合车辆需要的顶置高度。③用三角形垫木将车辆着地车轮前后塞住，防止车辆在起顶过程中发生滑溜事故。④用手上下压动千斤顶手柄，被顶车辆逐渐升到一定高度，在车架下放入搁车凳，禁止用砖头等易碎物支垫车辆。落车时，应先检查车下是否有障碍物，并确保操作人员的安全。⑤徐徐拧松液压开关，使车辆缓缓平稳地下降，架稳在搁车凳上。

使用注意事项：①车辆在起顶或下降过程中，禁止在车辆下面进行作业。②应徐徐拧松液压开关，使车辆缓慢下降，车辆下降速度不能过快，否则容易发生事故。③在松软路面上使用千斤顶起顶车辆时，应在千斤顶底座下加垫一块有较大面积且能承受压力的材料（如木板等），防止千斤顶由于车辆重压而下沉。千斤顶与车辆接触位置应正确、牢固。④千斤顶把车辆顶起后，当液压开关处于拧紧状态时，若发生自动下降故障，则应立即查找原因，排除故障后方可继续使用。⑤如发现千斤顶缺油时，应及时补充规定油液，不能用其他油液或水代替。⑥千斤顶不能用火烘热，以防皮碗、皮圈损坏。⑦千斤顶必须垂直放置，以免因油液渗漏而失效。

10. 车辆举升器

为了改善劳动条件，增大空间作业范围，车辆举升器在车辆维修中使用日益广泛。车辆举升器按立柱数可分为单立柱式、双立柱式、四立柱式。按结构特点可分为电动机械举升器和电动液压举升器。

车辆举升器使用注意事项：①车辆的总质量不能大于举升器的起升能力。②根据车型和停车位置的不同，尽量使车辆的重心与举升器的重心相接近，严防偏重；为了打开车门，车辆与立柱间应留有一定的距离。③转动、伸缩、调整举升臂至车辆底盘指定位置并接触牢靠。④车辆举高前，操作人员应检查车辆周围人员的动向，防止意外。⑤车辆举升时，要在车辆离开地面较低位置进行反复升降，无异常现象时方可举升至所需高度。⑥车辆举升后，应落槽于棘牙之上并立即进行锁紧。

11. 起重吊车

常用的起重吊车有门式、悬臂式、单轨式和梁式四种类型。在车辆拆装实训中使用最多的是悬臂式吊车，它分为机械式和液压式两大类。

（1）机械式悬臂吊车　通过手柄转动绞盘和棘轮，收缩或放长铁链使重物上升或下降，可作短距离移动。

（2）液压式悬臂吊车　起吊时，由于油泵的作用，使压力油进入工作油缸内，推动顶杆外移，使重物起吊。打开放油阀，工作缸内的油流回油箱，压力降低，使重物下降。

起重设备使用注意事项：①吊运重物不允许超过核定载荷。②钢丝绳及绳扣应安装牢固。③吊件应尽量靠近地面，以减小晃动。下放吊件时，要平稳，不可过急。④严禁用吊车拖拉非起吊范围内的吊件。

（二）维修常用量具

1. 钢板尺

钢板尺是一种最简单的测量长度直接读数的量具，用薄钢板制成，常用来粗测工件的长度、宽度和厚度。常见钢板尺的规格有 150mm、300mm、500mm、1000mm 等。

2. 卡钳

卡钳是一种间接读数的量具，卡钳上不能直接读出尺寸，必须与钢板尺或其他刻线量具配合测量。常用卡钳类型如图 1-16 所示，内卡钳用来测量内径、凹槽等，外卡钳用来测量外径和平行面等。

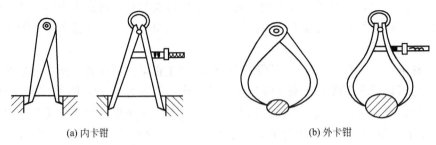

(a) 内卡钳　　　　　　　　　　　(b) 外卡钳

图 1-16　常用卡钳类型

3. 游标卡尺

游标卡尺主要用来测量零件的内外直径和孔（槽）的深度等，其精度分 0.10mm、0.05mm、0.02mm 三种。测量时，应根据测量精度的要求选择合适精度的游标卡尺，并擦净卡脚和被测零件的表面。测量时将卡脚张开，再慢慢地推动游标，使两卡脚与工件接触，禁止硬卡硬拉。使用后要把游标卡尺卡脚擦净并涂油后放入盒中。

游标卡尺由尺身、游标、活动卡脚和固定卡脚等组成。常用精度为 0.10mm 的游标卡尺如图 1-17 所示，其尺身上每一刻度为 1mm，游标上每一刻度表示 0.10mm。读数时，先看游标上"0"刻度线对应的尺身刻度线读数，再找出游标上与尺身

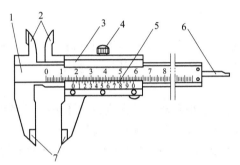

图 1-17　游标卡尺

1—尺身；2—刀口内量爪；3—尺框；4—固定螺钉；5—游标；6—深度尺；7—外量爪

某一刻度线对得最齐的一条刻度线读数，测量的读数为尺身读数加上 0.1 倍的游标读数。

4. 外径千分尺

外径千分尺是比游标卡尺更精密的量具，其精度为 0.01mm。外径千分尺的规格按量程划分，常用的有 0～25mm、25～50mm、50～75mm、75～100mm、100～125mm 等规格，使用时应按零件尺寸选择相应规格。外径千分尺的结构如图 1-18 所示。使用外径千分尺前，应检查其精度，检查方法是旋动棘轮，当两个砧座靠拢时，棘轮发出两、三声"咔咔"的响声，此时，活动套管的前端应与固定套管的"0"刻度线对齐，同时活动套管的"0"刻度线

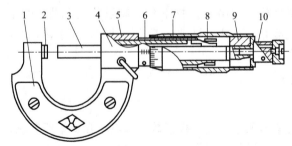

图 1-18　外径千分尺的结构

1—尺架；2—砧座；3—测微螺杆；4—锁紧装置；5—螺纹轴套；6—固定套管；
7—微分筒；8—螺母；9—接头；10—测力装置

还应与固定套管的基线对齐，否则需要进行调整。

注意：测量时应擦净两个砧座和工件表面，旋动砧座接触工件，直至棘轮发出两、三声"咔咔"的响声时方可读数。

外径千分尺的读数方法如图 1-19 所示。外径千分尺固定套管上有两组刻线，两组刻线之间的横线为基线，基线以下为毫米刻线，基线以上为半毫米刻线；活动套管上沿圆周方向有 50 条刻线，每一条刻线表示 0.01mm。读数时，固定套管上的读数与 0.01 倍的活动套管读数之和即为测量的尺寸。

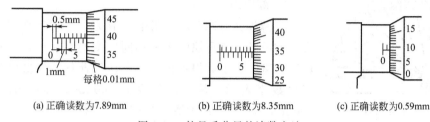

(a) 正确读数为 7.89mm   (b) 正确读数为 8.35mm   (c) 正确读数为 0.59mm

图 1-19 外径千分尺的读数方法

5. 百分表

百分表主要用于测量零件的形状误差（如曲轴弯曲变形量、轴颈或孔的圆度误差等）或配合间隙（如曲轴轴向间隙）。常见百分表有 0～3mm、0～5mm 和 0～10mm 三种规格。百分表的刻度盘一般为 100 格，大指针转动一格表示 0.01mm，转动一圈为 1mm，小指针可指示大指针转过的圈数。

在使用时，百分表一般要固定在表架上，如图 1-20 所示。用百分表进行测量时，必须首先调整表架，使测杆与零件表面保持垂直接触且有适当的预缩量，并转动表盘使指针对正表盘上的 "0" 刻度线，然后按一定方向缓慢移动或转动工件，测杆则会随零件表面的移动自动伸缩。测杆伸长时，表针顺时针转动，读数为正值；测杆缩短时，表针逆时针转动，读数为负值。

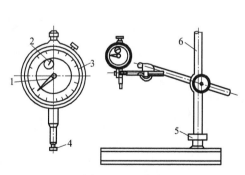

图 1-20 百分表
1—大指针；2—小指针；3—刻度盘；4—测头；
5—磁力表座；6—支架

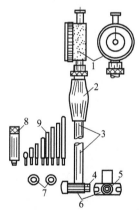

图 1-21 量缸表
1—百分表；2—绝缘套；3—表杆；4—接杆座；
5—活动测头；6—支承架；7—固定螺母；
8—加长接杆；9—接杆

6. 量缸表

量缸表又称内径百分表，主要用来测量孔的内径，如气缸直径、轴承孔直径等，量缸表主要由百分表、表杆和一套不同长度的接杆等组成，如图 1-21 所示。

　　测量时首先根据气缸（或轴承孔）直径选择长度尺寸合适的接杆，并将接杆固定在量缸表下端的接杆座上；然后校正量缸表，将外径千分尺调到被测气缸（或轴承孔）的标准尺寸，再将量缸表校正到外径千分尺的尺寸，并使伸缩杆有 2mm 左右的压缩行程，旋转表盘使指针对准零位后即可进行测量。

　　注意：测量过程中，必须前后摆动量缸表以确定读数最小时的直径位置，同时还应在一定角度内转动量缸表以确定读数最大时的直径位置。

7. 厚薄规

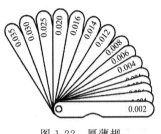

图 1-22　厚薄规

　　厚薄规又名塞尺，如图 1-22 所示，主要用来测量两平面之间的间隙。厚薄规由多片不同厚度的钢片组成，每片钢片的表面刻有表示其厚度的尺寸值。厚薄规的规格以长度和每组片数来表示，常见的长度有 100mm、150mm、200mm、300mm 四种，每组片数有 2～17 等多种。

　　在车辆维修中，厚薄规常用来测量零件之间的配合间隙，如气门间隙、曲轴轴向间隙等。

五、实训考核

　　① 每位同学实际操作各种扳手。

　　② 每位同学拆装一道活塞环、一个气门，以考核对活塞环拆装钳、气门弹簧拆装架的使用。

　　③ 正确使用千斤顶，将车辆车桥顶起，并可靠支承。

　　④ 正确使用量缸表和百分表。

实训项目二
发动机总体结构认识实训

一、实训参考课时

2 课时。

二、实训目的及要求

① 认识往复活塞式发动机的整体结构。

② 认识两大机构和五大系统的组成、主要部件的名称、安装位置。

③ 熟悉曲柄连杆机构和配气机构主要机件的装配关系和运动情况。

三、实训设备及工量具

设备：完整的车辆四台。

工量具：常用工具四套。

四、实训内容

① 在发动机上确认两大机构和五大系统的具体位置。

② 对发动机进行总体拆装。

五、实训操作及步骤

（1）从车辆上拆卸发动机 拆卸发动机前，应断开或松开与车辆其他系统联系的所有电路、气路、油路，并将发动机与变速器总成脱离。然后从车辆前面将发动机拆卸下来。以奇瑞旗云 5 为例，具体拆卸步骤如下。

① 在点火开关切断的情况下拔下蓄电池搭铁线。拆下蓄电池。注意先向外拉出后再取下。旋松蓄电池支架紧固螺栓，拆卸蓄电池支架。如图 2-1 所示。

② 在发动机下方放置一个收集盘。打开冷却液储液罐盖。松开散热器下水管夹箍。拔下散热器的下水管，放出冷却液，用干净的容器予以收集，以便处理或再使用。

③ 拔下电动散热风扇的导线插头。

④ 拔下散热器左侧的热敏开关导线插头（图 2-2）。松开散热器上的水管夹箍。拔下散热器上的水管。

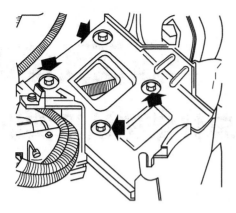

图 2-1　拆卸蓄电池支架

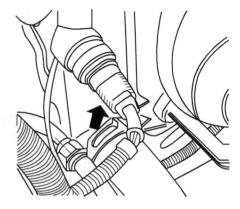

图 2-2　拔下热敏开关导线插头

⑤ 旋松电动散热器风扇的 4 个紧固螺栓，拆下风扇和散热器。

⑥ 拔下空气流量计的导线插头。

⑦ 拔下活性炭罐电磁阀（ACF 阀）的导线插头，从空气滤清器上取下活性炭罐电磁阀。

⑧ 拆下空气滤清器至节气门控制器之间的空气管路。拆下空气滤清器罩壳。

⑨ 拔下燃油分配管上的供油管和回油管（图 2-3）。

注意：燃油系统内有压力。在打开系统之前先在开口处放置抹布，然后小心地松开插头以降低压力。

⑩ 松开节气门拉索（如图 2-4 箭头所示）。拔下通向活性炭罐电磁阀的真空管 1 和通向制动系真空助力器的真空管 2。

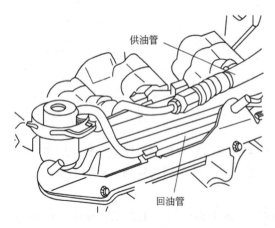

供油管

回油管

图 2-3　拔下供油管和回油管

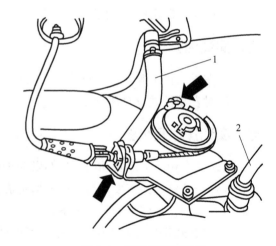

图 2-4　松开节气门拉索
1—通向活性炭罐电磁阀的真空管；
2—通向真空助力器的真空管

⑪ 拔下位于发动机底部通向暖风热交换器的冷却液管。

⑫ 拔下气缸盖通向暖风热交换器的冷却液管（图 2-5）。

⑬ 拔下变速器上的车速传感器电线插头、倒车灯开关。

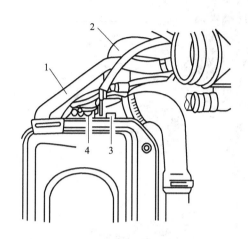

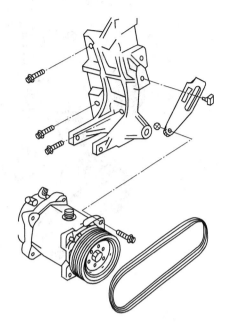

图 2-5 拔下气缸盖通向暖风热交换器的冷却液管
1—通向膨胀水管软管；2—通向暖风热交换器软
管；3—空调控制开关；4—冷却液温度传感器

图 2-6 松开空调压缩机与支架的连接螺栓

⑭ 松开空调压缩机与支架的连接螺栓，取下 V 带（图 2-6）。注意：在拆卸 V 带前一定要作好方向标记，以防重新使用时安错方向，损坏 V 带。

⑮ 移开空调压缩机并使用电线将其悬挂在副梁上。注意：此时不要打开空调管路。

⑯ 使用专用工具按图 2-7 所示的方向扳动张紧轮，使 V 带松开，用专用销钉固定住张紧轮，从发电机上取下 V 带，再取下专用销钉。

⑰ 松开动力转向油泵 V 带轮的螺栓，拆下 V 带（图 2-8）。从支架上拆下动力转向油泵，并将其固定在发动机舱内的另一侧。

⑱ 旋下排气支管和前排气管的连接螺栓。

⑲ 拔下启动机导线，并从变速器壳体上拆下启动机。

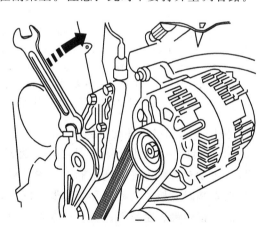

图 2-7 用专用工具拆卸张紧轮

⑳ 松开车身上的搭铁线。

㉑ 旋下所有发动机与车身的连接螺栓。

㉒ 使用变速器托架托住变速器的底部，或者将专用支承固定在车身两侧，使用变速器吊装工具吊住变速器。

㉓ 旋下发动机与变速器的紧固螺栓，留下一个螺栓定位。

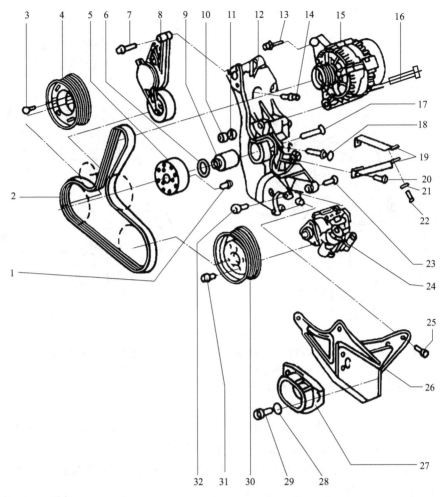

图 2-8　拆卸动力转向油泵 V 带

1—螺栓（拧紧力矩 10N·m）；2—V 带；3—螺栓（拧紧力矩 40N·m）；4—V 带轮；5—曲轴 V 带轮；6—保持夹；
7,13,23,25,29,31,32—螺栓（拧紧力矩 25N·m）；8—V 带张紧轮；9—过渡轮；10,14,16,17,18—螺栓
（拧紧力矩 45N·m）；11,21,28—垫圈；12,19,26—支架；15—发电机；20,22—螺栓（拧紧力矩 20N·m）；
24—动力转向油泵；27—扭力臂止位块；30—动力转向油泵 V 带轮

㉔ 使用小吊车吊住发动机的吊耳。

㉕ 松开最后一个紧固螺栓，小心地将发动机吊离发动机舱。

（2）将发动机总成安装到车辆上　发动机的安装按照与拆卸相反的顺序进行，但需要注意：①在安装时应检查发动机和变速器之间的定位销是否安装好；②正式修理的车辆，应更换所有的自锁螺母、密封圈、衬垫；③在变速器输入轴上涂薄薄的一层润滑脂；④检查曲轴后部滚针轴承是否安装上，必要时检查离合器压盘的对中程度；⑤安装发动机支架后，摇动发动机使其安装到位；⑥调整节气门拉索，使其活动灵活。

六、实训考核

1. 实训报告

① 用框图表示所拆装发动机的拆装顺序，并说明拆装注意事项。

② 画出所拆装的发动机的机构简图，并说明四冲程汽油机的工作原理。

2. 实训考核评分

根据学生实训时的劳动态度、拆装工具的使用是否正确与熟练程度、发动机拆装方法步骤等实际操作能力和实训报告完成情况给予综合评分，成绩评定参考表2-1。

表 2-1　发动机总体拆装成绩评定（参考）

序号	考核内容	配分	评分标准
1	劳动态度	20	根据上下班和拆装动手情况评分
2	拆装工具选用	20	根据工具选择使用及熟练程度评分
3	发动机拆装的顺序与方法	40	拆装顺序不正确、不规范每次扣5分
4	实训报告	20	根据实训报告完成的认真及正确程度评分
	分数总计	100	

注：要求操作现场整洁，安全用电，防火，无人身、设备事故。若因操作不当发生重大事故，此次实训按0分计。

实训项目三
曲柄连杆机构的拆装与检测实训

一、实训参考课时

2 课时。

二、实训目的及要求

① 掌握曲柄连杆机构与机体组件主要零部件的检测方法。

② 学会车辆发动机的曲柄连杆机构与机体组件的正确拆装方法。

③ 理解发动机机体组件各零部件的方法结构原理。

④ 理解发动机曲柄连杆机构各零部件的结构原理。

⑤ 学会发动机机体上平面及气缸盖下平面翘曲度的检测。

⑥ 学会发动机气缸磨损程度的检测。

⑦ 学会活塞环拆装及侧间隙、开口间隙的检测。

⑧ 学会连杆弯曲与扭曲的检测。

⑨ 学会曲轴磨损量、轴向间隙和各径向间隙的检测。

三、实训设备及工量具

车辆发动机 1 台；发动机拆装架 1 台；车辆发动机常用拆装工具 1 套，专用拆装工具 1 套；检测仪器：标准检测平台 1 个，检测支架 1 对，标准直尺 1 把，塞尺 1 把，量缸表 1 套，千分尺 1 把，百分表 1 个，连杆校正器 1 台；清洗机 1 台；零部件存放盘、盆各 1 个；机油壶、润滑油、棉纱等；发动机拆装实训录像片及相关的教学挂图等；多媒体教室 1 间。

四、实训内容

① 曲柄连杆机构与机体组件拆装。

② 曲柄连杆机构与机体组件结构认识。

五、实训操作及步骤

（一）机体组件拆装与检测

1. 机体组件拆装

机体组件拆装参见实训项目二。

2. 机体组件结构认识

机体组件包括机体、气缸（气缸套）、气缸盖、气缸垫与油底壳，观察并理解其结构原理。

发动机机体有一般式、龙门式和隧道式三种，气缸套有干式和湿式两种，辨认所拆装的发动机机体和气缸套的结构形式及特点。

3. 机体上平面与气缸盖下平面检测

机体上平面与气缸盖下平面翘曲，将导致发动机压缩行程气缸密封不良、漏气。检测时可采用标准直尺沿机体上平面（或气缸盖下平面）边缘和过中心交叉放置，用厚薄规测量标准直尺与机体上平面（或气缸盖下平面）之间的间隙（如图3-1所示）。一般轿车发动机平面度标准值为0.07mm，使用极限值为0.10mm，超过极限应予以研磨修复。

4. 气缸测量

活塞在气缸中的高速运动，使气缸磨损变形，产生椭圆和锥度，造成发动机压缩不良，功率下降，油耗上升。

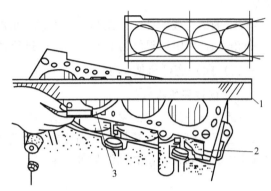

图3-1 机体上平面翘曲度检测
1—直尺；2—机体；3—厚薄规

气缸磨损情况采用量缸表测量。量缸表实际上是在一个百分表上接上一个测量表头（见图3-2），其使用方法如下。

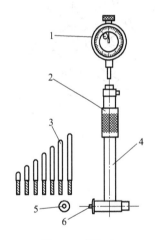

图3-2 量缸表
1—百分表；2—表杆；3—接杆；4—接杆座；
5—固定螺母；6—活动量杆

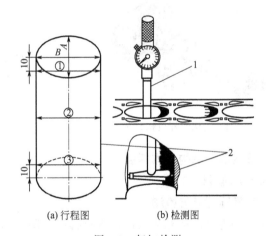

(a) 行程图　　(b) 检测图

图3-3 气缸检测
1—量缸表；2—气缸；①②③为三个测量点

（1）选择接杆　测量前先根据所测量气缸的大小，选择相应量程的接杆3插入量缸表的下端，并将百分表装入量缸表杆上端的安装孔中（安装后，用手压缩量缸表的下端测量头，表针应转动灵活）。

（2）校对量缸表尺寸　将外径千分尺调到所量气缸的标准尺寸，然后将量缸表校对到外径千分尺的尺寸（保证量缸表的活动量杆有2mm左右的压缩量），并转动表盘使表针对正零位。

（3）测量气缸直径 在气缸中取上（活塞位于上止点时第一道活塞环所对应的位置）、中（气缸中部）、下（距气缸下边缘 10mm 左右）三个截面［如图 3-3（a）所示］，在每个截面上沿发动机的前后方向和左右方向分别测出气缸的直径，如图 3-3（b）所示。

为保证测量的准确性，测量时量缸表的接杆与气缸的轴线应保持垂直。

（4）计算气缸的圆度和圆柱度误差 每个横截面所测得的两直径之差的一半即为该截面的圆度误差。对三个截面所测得的圆度误差进行比较，取其最大值作为该气缸的圆度误差。

同一气缸中所测得的所有直径中最大与最小直径之差值的一半即为被测气缸的圆柱度误差。

气缸的圆度或圆柱度误差超过标准规定值时（一般轿车发动机气缸圆度与圆柱度标准值为 0.02mm，使用极限值为 0.08mm）应进行镗缸和磨缸，或更换新缸套。

（二）曲柄连杆机构拆装

1. 曲柄连杆机构（图 3-4）

由活塞连杆组件（活塞、连杆、活塞销、活塞销卡环、活塞环、连杆铜套、连杆瓦、连杆盖、连杆螺钉、连杆螺母等）和曲轴飞轮组件（曲轴、飞轮、主轴瓦、主轴承、止推片、曲轴齿轮、曲轴带轮、曲轴油封等）组成。

图 3-4 曲柄连杆机构组成

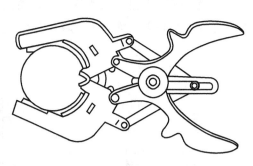

图 3-5 活塞环拆装

2. 曲柄连杆机构总体拆装

参见实训项目二。

3. 活塞环拆装与检测

① 采用专用的活塞环装卸钳进行拆装（图 3-5）。

② 活塞环有油环和气环之分，气环又有多种不同结构形式，如桑塔纳轿车发动机的第 1 道环是矩形环，第 2 道环是锥形环，第 3 道是油环（组合环），安装时不要调换，还应注意活塞环刻有 "TOP" 记号的一面朝向活塞顶，第 1 道活塞环的开口应避开活塞销方向及其垂直方向，其他活塞环开口应与第 1 道活塞环的开口错开 90°～180°。

图 3-6 活塞环侧间隙测量

1—活塞；2—厚薄规；3—活塞环

活塞环与活塞环槽之间的间隙称侧隙，一般轿车发动机在 0.02～0.05mm，可采用厚薄规测量（如图 3-6 所示）。

活塞环装入气缸后的开口距离称开口间隙，各道环不一样，一般轿车发动机第 1 道气环 0.30～0.45mm，第 2 道气环 0.25～0.40mm，油环 0.25～0.50mm。测量时应将活塞环放入气缸（图 3-7），用厚薄规测量。

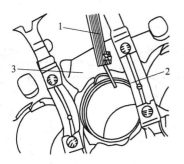 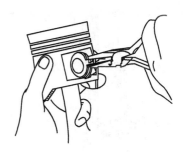

图 3-7　活塞环开口间隙测量　　　　　　　图 3-8　拆装活塞销卡环
1—厚薄规；2—活塞环；3—气缸体

4. 活塞销拆装

① 采用卡簧钳拆装活塞销卡环（图 3-8），半浮式则没有活塞销卡环。

② 在油压机上进行活塞销的拆装。

如无油压机，可以将活塞连杆组浸入 60℃的热水或机油中加热［图 3-9(a)］，并用专用工具 2 ［图 3-9(b)、(c)］进行拆装。

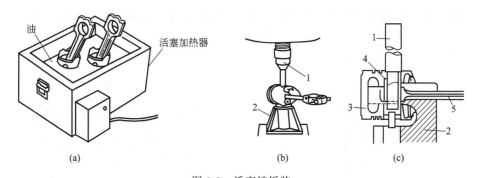

(a)　　　　　　　　　　(b)　　　　　　　　　　(c)

图 3-9　活塞销拆装
1—冲头；2—专用工具；3—活塞；4—活塞销；5—连杆

5. 连杆检测

（1）连杆弯曲和扭曲检测　该项检测应在连杆校正器上进行（图 3-10）。检测时，首先将连杆大端的轴承盖装好，不装连杆瓦。并按规定的力矩将连杆螺栓拧紧，同时将心轴装入连杆小端衬套孔中，然后将连杆大端套装在连杆校正器棱形支承轴 2 上，通过调整螺钉 1 使支承轴扩张将连杆固定在校验台上。

连杆校正器的测量工具是一个有 V 形槽的量规（三点规）3。三点规上的三点构成的平面与 V 形槽的对称平面垂直。测量时，将三点规的 V 形槽靠在心轴上，并推向检验平板 4。如三点规的三个点都与校验平板接触，说明连杆不变形。若上测点与平板接触，两个下测点不接触且与平板的间隙一致，或两个下测点与平板接触，而上测点不接触，表明连杆弯曲，可用厚薄规测出测点与平板之间的间隙，即为连杆在 100mm 长度上的弯曲量。若只有一个下测点与平板接触，另一下测点与平板不接触，且间隙为上测点与平板间隙的两倍，这时下测点与平板的间隙即为在连杆 100mm 长度上的扭曲度。

一般要求连杆的弯曲度及扭曲度在 100mm 长度上不大于 0.03mm，若超过应进行校正或更换。

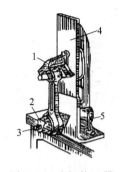

图 3-10　连杆校正器

1—调整螺钉；2—棱形支承轴；3—量规；

4—检验平板；5—锁紧支承轴板杆

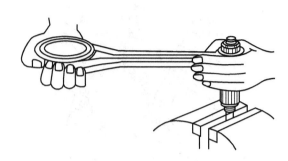

图 3-11　连杆铜套铰削

（2）连杆铜套拆装　连杆铜套与连杆是过盈配合，可在油压机上或采用专用工具进行拆装。

一般轿车发动机连杆铜套与活塞销配合间隙是 0.005～0.014mm，可用小型内径千分尺测量。连杆铜套磨损更换后，应用可调铰刀铰削新铜套（图 3-11），使它与活塞销配合间隙合适，通常采用的检查方法是可以用大拇指将活塞销缓缓推入连杆铜套内为合适（图 3-12）。

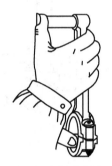

图 3-12　连杆铜套与活塞销配合检查

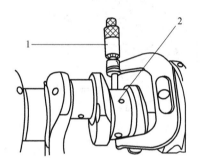

图 3-13　曲轴测量

1—千分尺；2—曲轴

6. 曲轴检测

（1）曲轴轴颈磨损量、圆度与圆柱度测量　采用千分尺 1（图 3-13）分别测量每道曲轴的主轴颈与连杆轴颈的最大与最小尺寸，即可以计算出曲轴磨损量、圆度与圆柱度。一般要求曲轴圆度与圆柱度不大于 0.025mm，磨损量不大于 0.15mm，超过要求应进行磨修或更换。

（2）曲轴主轴颈跳动测量　如图 3-14 所示，将曲轴支承于支架上，将百分表头触于待测量的曲轴轴颈上，转动曲轴，观察百分表跳动情况，一般轿车发动机标准值为 0.05mm，使用极限值为 0.1mm。

（3）曲轴轴向间隙测量　如图 3-15 所示，将百分表头触及曲轴一端，轴向推动曲轴，观察百分表跳动情况，一般轿车发动机标准值为 0.07～0.23mm，使用极限值为 0.3mm，超过极限值应更换曲轴止推垫片。

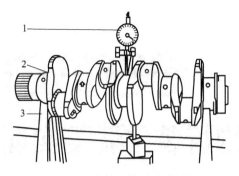

图 3-14 曲轴主轴颈跳动测量

1—百分表；2—曲轴；3—支架

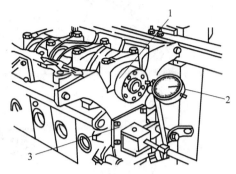

图 3-15 曲轴轴向间隙测量

1—曲轴；2—百分表；3—机体

（4）曲轴连杆轴颈与连杆瓦配合间隙测量 可采用内径千分尺和外径千分尺分别测量连杆大端（已装配连杆瓦）内径和曲轴连杆轴颈外径得到，也可以采用塑料间隙塞规塞入曲轴连杆轴颈与连杆瓦之间测量。一般轿车发动机标准值为 0.012～0.052mm，使用极限值为0.12mm，超过极限值应进行曲轴磨修，并配加厚的连杆瓦。

（5）曲轴主轴颈与主轴瓦配合间隙测量项 测量方法同上。一般轿车发动机标准值为0.02～0.06mm，使用极限值为 0.15mm，超过极限值应进行曲轴磨修，并配加厚的主轴瓦。

六、实训考核

1. 实训报告

① 叙述发动机机体组件及曲柄连杆机构拆装注意事项。

② 叙述发动机机体上平面翘曲度的检测过程。

③ 叙述发动机气缸磨损程度的检测过程。

④ 叙述活塞环拆装方法及侧间隙和开口间隙的检查过程。

⑤ 叙述连杆的弯曲与扭曲的检查过程。

⑥ 叙述曲轴磨损量、轴向间隙和各径向间隙的检查过程。

2. 实训考核与评分

实训考核与成绩评定参考表 3-1。

表 3-1 发动机曲柄连杆机构与机体组件拆装考核与成绩评定（参考）

序号	考核内容	配分	评分标准
1	正确使用工具、仪器	10	工具、仪器使用不当每次扣 5 分
2	拆卸机体组件	10	拆卸方法不正确每次扣 5 分
3	拆装活塞连杆组件	10	拆卸方法不正确每次扣 5 分,不做标记、摆放不按顺序扣 5 分
4	拆装曲轴飞轮组件	10	拆卸方法不正确每次扣 5 分
5	机体上平面翘曲度的检查	10	检查不正确每次扣 3 分
6	气缸磨损程度测量	10	检查不正确每次扣 5 分
7	活塞环侧间隙和开口间隙测量	10	检查不正确每次扣 5 分
8	连杆的弯曲与扭曲的检查	15	检查不正确每次扣 5 分
9	曲轴磨损量、轴向间隙和各径向间隙的检查	15	检查不正确每次扣 5 分
	分数总计	100	

注：要求操作现场整洁，安全用电，防火，无人身、设备事故。若因操作不当发生重大事故，此次实训按 0 分计。

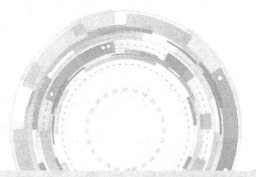

实训项目四

配气机构拆装与调整实训

一、实训参考课时

2课时。

二、实训目的及要求

① 学会换气系统总体拆装，理解换气系统总体组成。

② 学会配气机构的拆装，了解配气机构的组成与结构原理。

③ 学会配气相位及气门间隙的检查调整。

三、实训设备及工量具

车辆发动机1台；发动机拆装架1台；车辆发动机常用拆装工具1套，专用拆装工具1套；清洗机1台；零部件存放架、盆各1个；机油壶、润滑油、棉纱等；解剖的车辆发动机工作原理示教台1台（可以运转演示）；发动机拆装实训录像片及相关的教学挂图等；多媒体教室1间。

四、实训内容

① 换气系统总体拆装。

② 配气机构的拆装与检查调整。

③ 换气系统结构认识。

五、实训操作及步骤

各型发动机配气机构的结构有所不同，以图4-1捷达EA827型发动机顶置凸轮配气机构为例说明如下。

（一）换气系统附件的拆卸

① 拆卸空气滤清器，进、排气支管及进、排气管垫。

② 取下各缸的高压线。

③ 拆下加机油口盖。

④ 拆下气门室罩及气门室罩压条、密封条等。

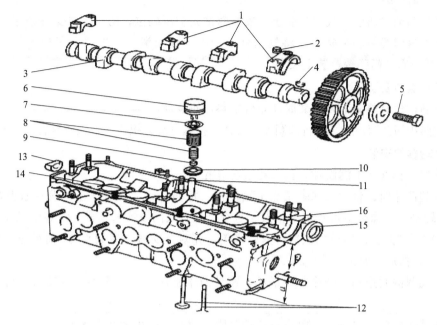

图 4-1 捷达 EA827 型发动机顶置凸轮配气机构

1—轴承盖；2—螺母；3—凸轮轴；4—半圆键；5—螺栓；6—挺柱；7—上气门弹簧；8—气门弹簧；

9—气门油封；10—气门弹簧下座；11—气门导管；12—气门；13—堵塞；

14—回油塞；15—油封；16—缸盖

（二）配气机构的拆装

1. 同步齿形带、同步齿形带轮的拆卸

① 拆下缸盖上所有附件，取下同步齿形带上罩和下罩。

② 将曲轴转到第一缸上止点位置。

③ 旋松张紧轮紧固螺栓，取下同步齿形带，取下同步齿形带后盖板。

④ 旋出同步齿形带轮的固定螺母，用专用拉具取下同步齿形带轮。

2. 凸轮轴的拆卸

① 拧松凸轮轴支承盖的紧固螺母，取下轴承盖，注意应先拆第 1、4 轴承盖，后拆第 2、3 轴承盖，并按顺序放好，记下轴承盖方向。

② 拆下凸轮轴。

3. 气缸盖的拆卸

按照从两边到中间交叉进行的顺序，旋下气缸盖螺栓，抬下气缸盖总成。

4. 气门的拆卸

① 取下液压挺杆总成，按顺序放好。

② 如图 4-2，用专用工具将气门弹簧座压下，取下气门锁夹，拆出气门弹簧。

③ 取下气门弹簧座、气门内外弹簧、气门油封和气门，并按顺序放好，不可混乱。

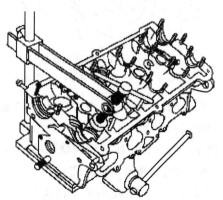

图 4-2 用专用工具拆卸气门缸垫的正反面

5. 气门的安装

① 将气门油封压装于气门导管上,安装时油封应压到位,防止油封变形损坏。

② 装上气门弹簧和弹簧座,将气门杆上涂上少许润滑油,按原次序插入气门导管内,用专用工具压紧气门弹簧,装上锁夹。

6. 气缸盖的安装

① 将新的气缸垫装上,安装时注意气缸垫的正反面。

② 按照中间到两边交叉进行的顺序,分四次拧紧气缸盖螺栓,缸盖扭紧转矩为 50N·m。

7. 凸轮轴的安装

① 将气门挺柱涂上润滑油,插入相应各导孔内。

② 安装凸轮时,将轴承和轴颈涂上润滑油,把凸轮轴放在轴承上。第一缸凸轮必须朝上。凸轮转动时,曲轴不可置于上止点,否则会伤及气门及活塞顶部。安装轴承盖,上下两半部要对准。按照拆卸相反的顺序拧紧轴承盖,先对角交替拧紧第 2、3 轴承盖,紧固转矩为 20N·m,然后拧紧第 1、4 轴承盖。

③ 在油封的唇边和外围涂上润滑油,将油封平整压入。注意不要压到头,否则会堵塞回油孔。

④ 先装半圆键,再压上正时齿轮,拧紧固定螺钉,扭矩为 80N·m。

8. 正时齿带的安装与调整

① 将正时齿带套在曲轴齿轮和中间齿轮上。

② 曲轴 V 带盘用一螺栓固定。曲轴 V 带盘上止点记号与中间轴齿轮上记号对齐,如图 4-3 所示。

③ 凸轮轴正时齿轮上的标记应与气门室罩平面对齐,如图 4-4 所示。转动凸轮轴时,曲轴不要置于上止点。

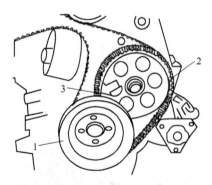

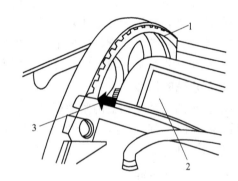

图 4-3　曲轴带盘与中间轴齿轮正时记号
1—曲轴带盘;2—中间带盘;3—正时记号

图 4-4　凸轮轴正时标记
1—凸轮轴正时齿轮;2—气门室罩;3—记号对齐

④ 按图 4-5 所示箭头方向转动张紧轮,以张紧正时齿带。用拇指和食指捏住凸轮轴齿轮和中间轴中间的齿带刚好可以扭转 90°,若张紧程度不符,可松开张紧轮螺母,进行第二次调整。调好后,要转动曲轴两圈,再进行检查。

9. 气门间隙的检查与调整

以富康 TU32/K 型发动机为例,其进气门间隙为 0.20mm,排气间隙为 0.40mm。气门间隙的调整在发动机冷态下进行。在气门完全关闭的状态时,首先旋松调整螺钉,用一定厚度的塞尺插入气门杆尾端与摇臂之间，来回拉动塞尺，以感到轻微阻力，间隙合适为止，再将螺母紧固。最后进行复查，如有间隙变化，须进行重新调整。

为减少气门间隙所引起的发动机噪声和气门间隙调整的麻烦，许多车辆发动机（如捷达EA827型发动机）的配气机构使用液压挺柱，可自动补偿气门间隙，无需调整。

（三）缸盖上附件的安装

① 在干净的气缸盖密封表面上涂以密封胶，在密封胶固化以前，将气门室罩安装在气缸盖上，拧紧气门室罩紧固螺钉，扭矩为 6.4N·m。

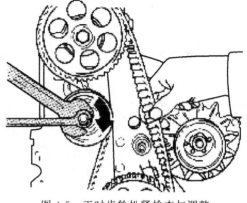

图 4-5　正时齿轮松紧检查与调整

② 拧上加机油口盖，装上各缸高压线。

③ 安装进、排气支管。

④ 清洁空气滤清器，装合。清洁空气滤清器时，可用压缩空气由滤芯内部往外吹。

六、实训考核

1. 实训报告

① 叙述配气机构的拆装要点及注意事项。

② 叙述发动机气门间隙检查调整过程。

2. 实训考核与评分

实训考核与成绩评定参考表 4-1。

表 4-1　配气机构实训考核与成绩评定（参考）

序号	考核内容	配分	评分标准
1	正确使用工具、仪器	10	工具使用不当扣 5 分
2	拆卸正时齿带	10	拆卸方法错误扣 5 分
3	拆装凸轮轴	10	拆装方法错误扣 5 分
4	拆装气门	10	拆装方法错误扣 5 分
5	正时齿带的安装与调整	20	不能保证配气正时扣 10 分
6	气门间隙的检查和调整	20	调整方法错误扣 5 分，数值错误扣 5 分
7	其他机件的拆装	10	拆装方法错误酌情扣分
8	整理工具、清理现场	10	每项扣 2 分，扣完为止
	分数总计	100	

注：要求安全用电，防火，无人身、设备事故。若因违反操作安全发生重大人身和设备事故，此次实训按 0 分计。

实训项目五

点火系拆装与调整实训

一、实训参考课时

2课时。

二、实训目的及要求

① 了解点火系统的组成，学会点火系统总体拆装。

② 了解蓄电池的基本结构，学会蓄电池的基本检测方法。

③ 学会发电机的正确拆装，了解发电机的基本构造。

三、实训设备及工量具

机械点火系统的发动机 1 台；电子点火系统的发动机 1 台；电控点火系统的发动机 1 台；各式分电器各 1 个；性能良好的普通型蓄电池 1 个；性能良好的发电机 1 台；玻璃管、比重计、高率放电计各 1 个；车辆发动机常用拆装工具 1 套；相关的示教板、实物解剖教具、多媒体光盘及教学挂图等；多媒体教室 1 间。

四、实训内容

① 点火系统组成认识及总体拆装。

② 蓄电池结构认识与基本检测。

③ 发电机拆装。

五、实训操作及步骤

（一）机械点火系统总体拆装与检测

1. 观察机械点火系统组成

机械点火系统组成如图 5-1 所示。

2. 火花塞拆装与检测

拔下一缸高压线，用火花塞套筒取出火花塞，检查火花塞表面及火花塞间隙。

就车检查火花塞跳火（如图 5-2）：将火花塞套入中心高压线，火花塞外壳金属与机体搭铁，启动发动机，观察火花塞跳火。关闭发动机，装复火花塞和高压线。

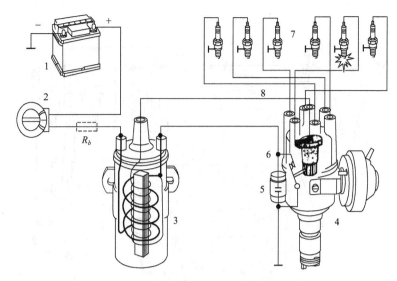

图 5-1　机械点火系统的组成

1—蓄电池；2—点火开关；3—点火线圈；4—分电器；5—电容器；

6—白金触点；7—火花塞；8—高压线

3. 检测点火提前角

启动发动机到怠速运转，用正时枪检测点火提前角，记下怠速时提前角值。将发动机加速，观察提前角有无变化。

4. 分电器拆装与结构认识

拆装一个机械点火系统中的分电器，观察并理解断电器、配电器、真空提前机构及离心提前机构的基本结构及工作原理。

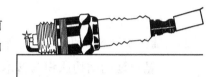

图 5-2　就车检查点火火花

（二）电子点火系统总体拆装与检测

1. 观察电子点火系统组成

观察电子点火系统组成。

2. 火花塞与点火提前角的拆装与检测

火花塞与点火提前角的拆装与检测与机械点火系统相同。

3. 分电器拆装与结构认识

单独拆装一个电子点火系统中的分电器，观察并理解配电器、真空提前机构、离心提前机构及三种信号发生器（磁电式、霍尔式、光电式）的结构及工作原理，比较与机械点火系统的异同。

（三）电控点火系统总体拆装与组成认识

1. 观察电子点火系统组成

电子点火系统组成如图 5-3 所示，注意观察有分电器的电控点火系统及无分电器的电控点火系统。

2. 分电器结构认识

比较电控点火系统中的分电器与电子点火系统中的分电器结构上的异同，观察并理解转

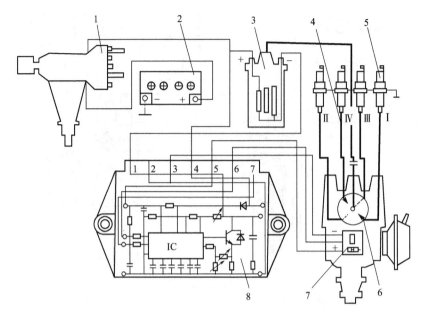

图 5-3 电子点火系统组成

1—点火开关；2—蓄电池；3—点火线圈；4—高压线；5—火花塞；6—分电器；

7—信号发生器；8—点火控制器

速及凸轮轴位置传感器的结构及工作原理。

（四）蓄电池的结构认识与基本检测

1. 蓄电池结构认识

从解剖的蓄电池教具观察其构造，如正、负极板材料的颜色、质地及穿插方式，隔板及壳体的材料及结构特点。

2. 蓄电池的基本检测

（1）电解液液面检测（图 5-4） 用一内径 6～8mm，长约 150mm 的玻璃管，垂直插入加液口内，直到极板上缘为止，然后用拇指压紧管的上口，夹出玻璃管，玻璃管中的电解液高度即为蓄电池内电解液平面高出极板的高度，应为 10～15mm。

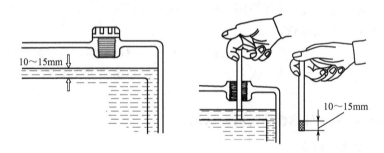

图 5-4 蓄电池液面检测

使用半透明塑料容器的蓄电池，可以直接观察到液面高度，正常时，液面高度应在两条高度指示线之间。

（2）电解液比重检测（图 5-5） 将密度计橡皮吸管插入蓄电池单格电池中，手捏一下橡皮球，然后慢慢松开，电解液吸入玻璃管中，管内浮标浮起，浮标与液面相平的读数就是电解液的密度。

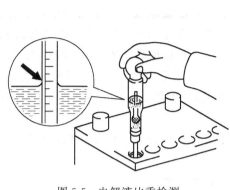

图 5-5　电解液比重检测

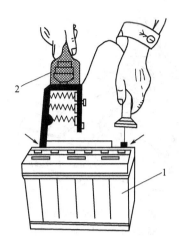

图 5-6　蓄电池负荷电压检测

1—蓄电池；2—高率放电计

（3）蓄电池负荷电压检测（图 5-6）　用高率放电计的触针用力压在单格电池或蓄电池的两个极桩上，每次时间不超过 5 秒，观察指针移动情况，确定蓄电池的存放电情况。

（五）发电机的拆装

以捷达轿车发电机为例，图 5-7 为其构造图。

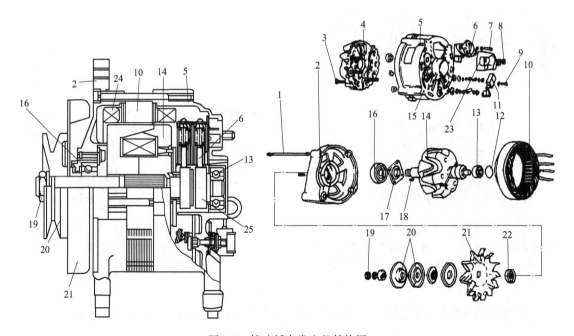

图 5-7　捷达轿车发电机结构图

1,3,7,9—螺栓；2—轴承盖；4—极管板；5—发电机外壳；6—带炭刷的电压调节器；8,19—螺母；10—定子；
11—抗干扰电容；12—O 形圈；13—轴键；14—转子；15—接线柱；16—轴承；17—轴承压板；18—半圆键；
20—皮带轮；21—风扇；22—垫圈；23—插接件座；24—定子线圈；25—滑环

1. 发电机的分解

① 皮带轮的拆卸　如图5-8所示，用虎钳2夹住皮带轮3，从发电机上旋下螺母1，取下皮带轮3和风扇4，再从发电机上拆下护罩。

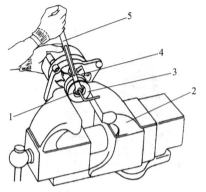

图5-8　皮带轮的拆卸

1—螺母；2—虎钳；3—皮带轮；
4—风扇；5—工具

② 轴承盖与发电机外壳的分解　如图5-9所示，先在轴承盖2与发电机外壳9上作好标记。然后旋下螺母1及螺栓15，使发电机外壳9与轴承盖2分离。再从转子3的轴上取下垫圈13（使用拔出装置）、轴套12、半圆键11，并从轴承盖2上冲下转子3。旋下螺栓4，从轴承盖2上取下轴承压板5，从轴承盖2上用拔出装置和拉出器撬下轴承6。撬出炭刷后，从发电机外壳9上取出转子3。

③ 发电机外壳的分解。旋下螺栓，从发电机外壳上拆下二极管板。

2. 发电机的安装

按与拆卸相反的顺序进行，但需注意以下各项。

① 轴承盖与发电机外壳的组装　如图5-10所示，将轴承盖1上的标记与发电机外壳2上的标记对齐，并装到一起，旋上螺母4及螺栓（力矩8N·m）。安装好后，检查轴承应能灵活转动，且无明显的轴间窜动。

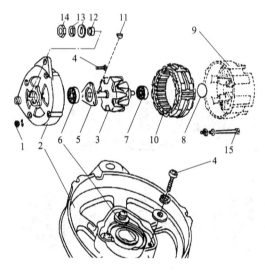

图5-9　轴承盖与发电机外壳的分解

1,14—螺母；2—轴承盖；3—转子；4,15—螺栓；5—轴承压板 6,7—轴承；8—O形圈；9—发电机外壳；10—定子；11—半圆键；12—轴套；13—垫圈

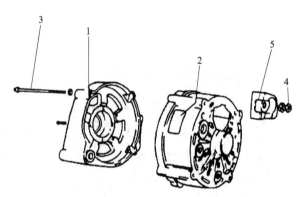

图5-10　轴承盖与发电机外壳的组装

1—轴承盖；2—发电机外壳；3—螺栓；4—螺母；5—接线柱座

② 如图5-8所示，用虎钳2夹住皮带轮，用工具5旋紧螺母1，力矩40N·m。

六、实训考核

1. 实训报告

① 比较两种点火系统组成及基本结构的异同点。

② 记录你所测蓄电池电解液密度值，并以此判断蓄电池的放电程度。

③ 简述发电机的拆装要点。

2. 实训考核与评分

实训考核与评分标准参见表 5-1。

表 5-1　点火系实训考核与评分标准（参考）

序号	考核内容	配分	评分标准
1	正确使用工具、仪器	10	工具使用不当扣 10 分
2	点火系统拆装检测	30	拆装顺序错误一次扣 5 分，检测错误一次扣 5 分
3	蓄电池基本测量	20	检测方法错误扣 15 分，数据测量不准确扣 5 分
4	发电机的拆装	30	拆装顺序错误扣 15 分，装配不合格扣 15 分
5	整理工具、清理现场	10	每项扣 2 分，扣完为止
	分数总计	100	

注：要求安全用电、防火，无人身、设备事故。若因违反操作安全发生重大人身和设备事故，此次实训按 0 分计。

实训项目六

启动系的结构与检修实训

一、实训参考课时

2 课时。

二、实训目的及要求

① 掌握启动机的拆装顺序。
② 了解启动机各零件名称和作用。
③ 掌握对启动机进行简单测量的方法。
④ 学习拆解检修及装配启动机作业的基本方法。

三、实训设备及工量具

发动机 1 台；性能良好的启动机 1 台；车辆发动机常用拆装工具 1 套；车辆启动系统示教板 1 个及相关的多媒体和教学挂图；多媒体教室 1 间。

四、实训内容

① 启动系统组成与结构认识。
② 启动机拆装。

五、实训操作及步骤

(一) 认识发动机启动系统基本组成

图 6-1 为桑塔纳轿车启动系统组成及接线图，拆装以桑塔纳轿车启动机为例。

(二) 启动机的分解

1. 炭刷端端盖的拆卸 (图 6-2)

首先旋下螺栓 4，从启动机炭刷端端盖 8 拆下衬套座 1。从电枢上取下挡圈 11 后取出衬套 9 和调整垫圈 10。再旋下螺母 3，从启动机 5 上取接线片 2 和炭刷端端盖 8，并旋下长螺栓 7。

2. 炭刷及炭刷架的拆卸 (图 6-3)

用钳子 4 将炭刷弹簧向上抬起，从启动机壳体 2 上取出炭刷及炭刷架 3，在启动机壳体

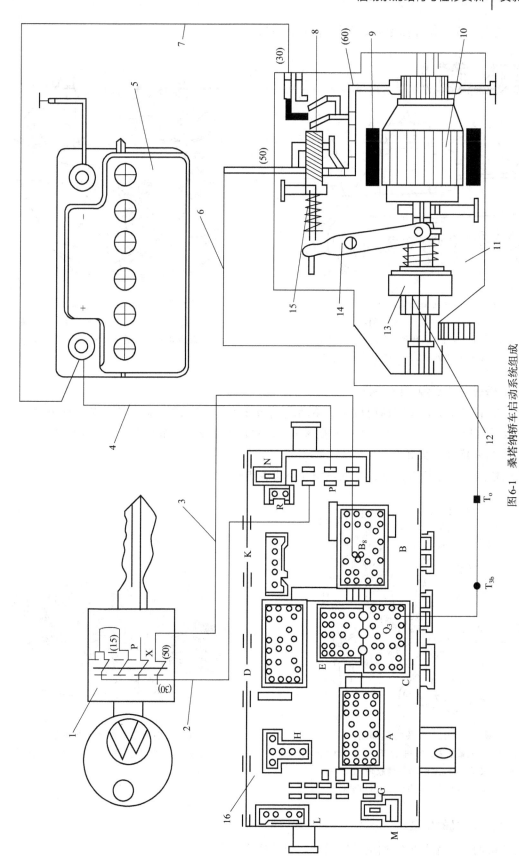

图6-1 桑塔纳轿车启动系统组成

1—点火开关；2,4—红色线；3,6—红/黑线；7—黑色线；8—电磁开关；9—定子；10—转子；11—启动机总成；12—小齿轮；13—单向滚柱离合器；14—传动叉；15—回位弹簧；16—中央电气装置线路板

2 与驱动端端盖 5 上作好标记后，取下启动机壳体。

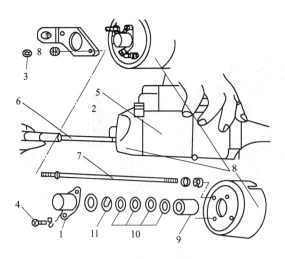

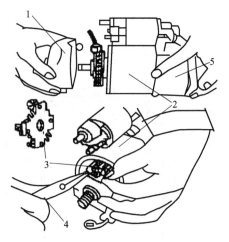

图 6-2　炭刷端端盖的拆卸

1—衬套座；2—接线片；3—螺母；4—螺栓；5—启动机；

6—工具；7—长螺栓；8—炭刷端端盖；9—衬套；

10—调整垫片；11—挡圈

图 6-3　炭刷及炭刷架的拆卸

1—炭刷端端盖子；2—启动机壳体；3—炭刷

及炭刷架；4—钳子；5—驱动端端盖

3. 电磁开关的拆卸（图 6-4）

首先旋下螺栓 1 并作好标记后，从驱动端端盖 2 上拆下电磁开关端盖 4 及电磁开关 3。再旋下拨叉销螺母 9，取下拨叉销 5 和拨叉 6。最后将电枢及小齿轮组件 10 一起取出。

4. 小齿轮组件的拆卸

从电枢的驱动端拆下衬套、止推垫圈和小齿轮组件。

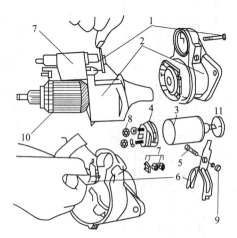

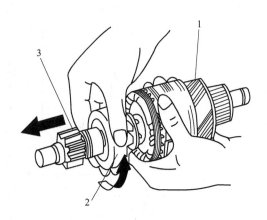

图 6-4　电磁开关的拆卸图

1—螺栓；2—驱动端端盖；3—电磁开关；4—电磁开关

端盖；5—拨叉销；6—拨叉；7—橡胶垫；8,9—螺母；

10—电枢及小齿轮组件；11—O 形圈

图 6-5　小齿轮组件及电枢的组装

1—电枢；2—小齿轮组件外座圈；3—小齿轮

（三）启动机的安装

启动机的安装按与拆卸相反顺序进行，但需注意以下各项。

1. 小齿轮组件与电枢的组装（图 6-5）

在电枢 1 的轴上涂上润滑脂后，装上小齿轮组件，并做以下检查。握住电枢 1，当转动小齿轮组件外座圈 2 时，小齿轮组件应能沿电枢轴滑动自如。

2. 电磁开关的安装（图 6-6）

电磁开关 3 应以倾斜的角度装入，以便电磁开关 3 的滑动阀组件与拨叉 1 装在一起，最后旋上螺栓 2。

3. 定子的安装（图 6-7）

应将定子 1 上的标记与驱动端端盖 2 的标记对正后装入。

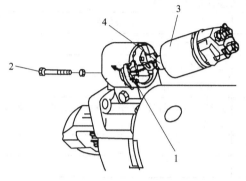

图 6-6　电磁开关的安装

1—拨叉；2—螺栓；3—电磁开关；4—滑动端端盖

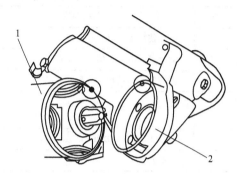

图 6-7　定子的安装

1—定子；2—驱动端端盖

4. 炭刷及炭刷架的安装（图 6-8）

在换向器 1 上装上炭刷架 2，将炭刷架 2 装到适当的位置后，再在炭刷架 2 上装上炭刷 3。

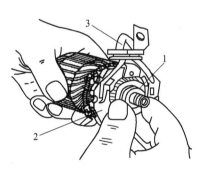

图 6-8　炭刷及炭刷架的安装

1—换向器；2—炭刷架；3—炭刷；

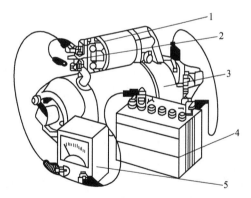

图 6-9　启动机空载试验

1—启动机接线柱；2—接线柱；3—启动机；

4—蓄电池；5—电流表

5. 炭刷端端盖的安装

首先旋上螺栓，装上炭刷端端盖，再旋紧螺母。

（四）启动机空载试验

如图 6-9 接好启动机空载试验电路，此时若用线接通接线柱 1 和接线柱 2，启动机应能正常平稳运转。否则，重新拆装检查。

六、实训考核

1. 实训报告

① 叙述启动机的拆装要点。

② 画出所拆装发动机的启动系统电器线路图。

2. 实训考核与评分标准

实训考核与成绩评定参考表 6-1。

表 6-1 启动系统实训考核与成绩评定（参考）

序号	考核内容	配分	评分标准
1	正确使用工具、仪器	10	工具使用不当扣 10 分
2	启动机的拆卸解体	30	拆卸顺序错 1 次扣 5 分
3	按照拆装相反顺序装配	30	装配顺序错 1 次扣 5 分
4	启动机的空载试验	20	启动接线错误扣 10 分,启动机无法空载启动扣 10 分
5	整理工具、清理现场	10	每项扣 2 分,扣完为止
	分数总计	100	

注：要求安全用电、防火，无人身、设备事故。若因违反操作安全发生重大人身和设备事故，此次实训按 0 分计。

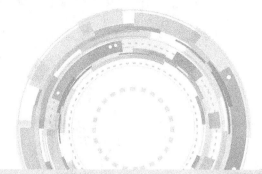

实训项目七

冷却系拆装与调整实训

一、实训参考课时

2 课时。

二、实训目的及要求

① 学会冷却系总体拆装。
② 学会水泵等主要部件的拆装。
③ 学会节温器的拆装与检查。
④ 了解冷却系统冷却水循环。

三、实训设备及工量具

车辆发动机 1 台；发动机拆装架 1 台；车辆发动机常用拆装工具 1 套，专用拆装工具 1 套及相关量具；节温器工作原理实验的相关装置（加热装置、温度计等）；零部件存放台、盆各 1 个；解剖的车辆发动机工作原理示教台 1 台（可以运转演示）；发动机拆装实训录像片及相关的教学挂图等；多媒体教室 1 间。

四、实训内容

① 冷却系的组成认识与总体拆装。
② 冷却系主要部件拆装与调整。
③ 冷却系统的冷却水循环。

五、实训操作及步骤

由于车型的不同，车辆发动机冷却系的结构也不尽相同，但冷却系各主要机件的拆装与调整的方法基本相同，这里以 LS400 发动机冷却系为例进行讲述。

（一）发动机冷却系统的结构

LS400 轿车采用 1UZ-FE 型发动机，该冷却系统为密闭压力循环系统，使用液力耦合冷却风扇，发动机的冷却主要靠车辆向前行驶产生的风来冷却。其冷却系主要由散热器、水泵、节温器、液力耦合冷却风扇和上、下水管等组成。

如图 7-1 是 LS400 轿车采用的 1UZ-FE 发动机的冷却系统组成图。

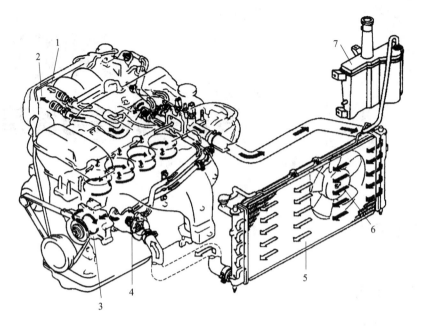

图 7-1 1UZ-FE 发动机冷却系统组成图

1—暖气流入；2—暖气流出；3—水泵；4—节温器；5—横流式水箱；6—风扇；7—储水箱

图 7-2 是 LS400 轿车冷却系各组成机件在车上的分布位置。

(二) 节温器的拆装

1. 节温器的结构

如图 7-3 是蜡式节温器的结构。

2. 节温器的检查

检查节温器的功能是否正常，可将节温器置于热水中，观察温度变化时节温器的动作（如图 7-4 所示）。桑塔纳轿车的节温器在 87℃±2℃时开始打开，温度达到 102℃±3℃时，其升程大于 7mm。若达不到要求，就应更换节温器。

3. 节温器的拆卸

LS400 轿车的节温器设置在发动机的前部（散热器附近），其具体的拆卸步骤如下。

① 断开蓄电池负极导线，放出冷却液；

② 拆下节温器壳体；

③ 拆下节温器，卸下垫片。

4. 节温器的安装

① 认真清洁所有零件尤其是外壳结合表面，保持拧紧冷却套的螺栓不能生锈或损坏，清洁螺栓，以防损坏发动机上的螺孔。用冷却液涂抹垫片后，装上垫片。

② 把节温器安装在壳体内，把壳体与发动机上的位置对准。

③ 添加冷却液到合适的位置。

④ 连接蓄电池负极导线，去掉散热器盖，车辆运转到使节温器打开，尽可能向散热器添加冷却液至规定的范围。

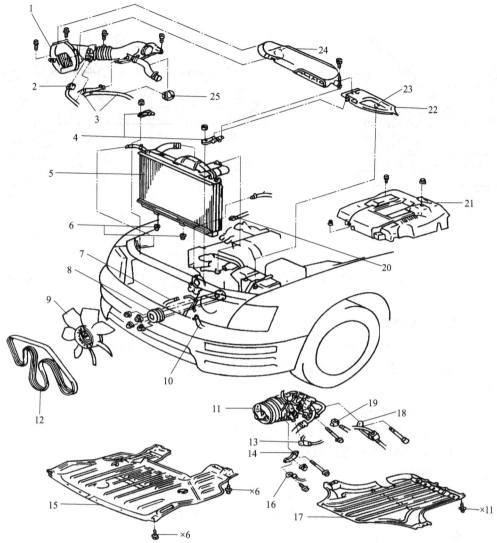

图 7-2　LS400 轿车冷却系机件的分布位置

1—空气滤清器及进气连接管总成；2—空气流量计连接器；3—动力转向软管；4—散热器上支承；5—散热器总成；6—散热器下支承；7—自动变速箱油冷却器软管；8—风扇带轮；9—风扇和液力耦合器；10—自动变速箱油冷却器软管；11—空调压缩机；12—交流发电机传动带；13—导线夹；14—空调压缩机支承；15—发动机下盖板；16—接地电缆；17—油底壳护罩；18—导线支架；19—空调压缩机连接器；20—空调器冷却风扇水温开关连接器；21—V 形排列气缸罩；22—蓄电池夹箍盖板；23—卡簧；24—空气滤清器进气口；25—软管夹箍

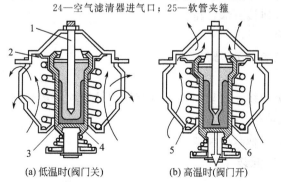

(a) 低温时(阀门关)　　(b) 高温时(阀门开)

图 7-3　蜡式节温器的结构与工作原理

1—推杆；2—阀门；3—石蜡；4—节温器外壳；5—弹簧；6—石蜡（膨胀）

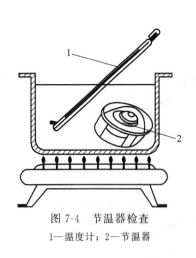

图 7-4　节温器检查

1—温度计；2—节温器

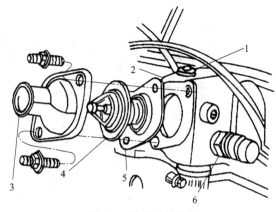

图 7-5　散热器结构图

1—螺塞；2—水箱；3—散热器壳体；4—散热器；
5—垫片；6—冷却液温度传感器

⑤ 安装散热器盖，关掉发动机使其冷却。待机体冷却后，再检查散热器和储水箱的冷却液量。

（三）散热器的拆装

LS400 轿车采用的是横流式（水平式）散热器（如图 7-5 所示），同时采用塑料水桶，这种水桶比铜水桶强度高，能经受像扳手掉落这样的冲击。

1. 拆卸

① 断开蓄电池负极导线。

② 待发动机及冷却系统冷却，排放出冷却液。

③ 从散热器上卸下上部管路和储水箱的管路。

④ 卸下冷却风扇。

⑤ 抬起车身并牢固地支承住，从散热器上卸下下部管路。

⑥ 卸下固定支架，抬出散热器，注意不要损坏散热片。

2. 安装

① 检查散热器管路，看有否硬化、裂纹、膨胀变形或流动不畅的迹象。若有，就要更换。维修时，小心不要损坏散热器的进水口和出水口。布置好散热器管路。接口处大部分采用弹簧式管卡，如果要更换，应采用原来式样的弹簧卡。

② 将散热器落座进入原位。

③ 安装固定支架，连接下部管路。

④ 安装液力耦合冷却风扇。

⑤ 连接上部管路及储水箱管路。

⑥ 加注冷却液。

⑦ 连接蓄电池负极导线。启动车辆，待节温器开通，将散热器加满冷却液，再检查自动变速器驱动桥冷却液液位。

⑧ 待车辆冷却后，再检查冷却液液位。

（四）冷却系水泵的拆装

1. 水泵的结构

水泵的结构如图 7-6 所示，目前车辆发动机上多采用离心式水泵（其工作原理如图 7-7

所示）。水泵装在气缸体的前段上部，多数发动机水泵和风扇共用一轴，水泵主要通过叶轮的旋转，产生真空，使冷却水不断地由进水管进入。水泵叶轮按结构形状可分为放射型和旋涡型（图7-8）。

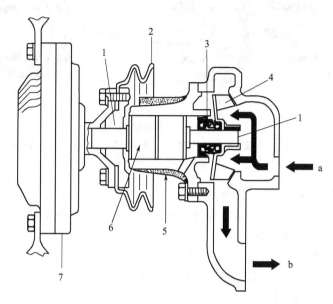

图7-6　水泵的结构

a—从水箱来；b—至气缸体内

1—水泵轴；2—皮带盘；3—水封；4—叶轮；5—泵体；6—轴承；7—风扇离合器

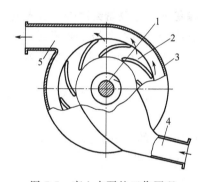

图7-7　离心水泵的工作原理

1—水泵轴；2—叶轮；3—水泵壳体；4—进水管；5—出水管

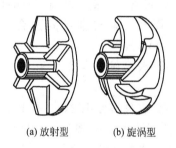

(a) 放射型　　(b) 旋涡型

图7-8　水泵叶轮的形状

2. 水泵的拆卸与分解

车辆上广泛采用离心式水泵，图7-9是离心式水泵结构的分解图。

首先放尽冷却水（液），拆下散热器进、出水软管及旁通软管，取出取暖器软管，卸下V型带及带轮。然后拧下水泵的固定螺栓，拆下水泵总成。

① 清除水泵表面脏污，将水泵固定在夹具或台虎钳上。

② 拧松并拆下带轮紧固螺母8，拆卸带轮7。

③ 用专用拉具拆卸水泵轴凸缘。

④ 拧松并拆卸水泵前壳体10的紧固螺栓，将前泵壳段整体卸下，并拆下衬垫。

⑤ 用拉具拆卸水泵叶轮12，应仔细操作，防止损坏叶轮。

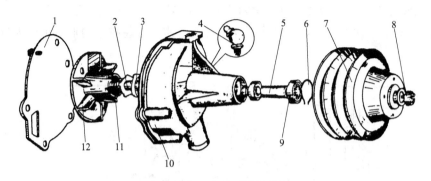

图 7-9　离心式水泵结构分解

1—水泵盖；2—水泵轴；3—胶木圈；4—油嘴；5—轴承隔管；6—锁环；7—皮带轮；8—螺母；

9—轴承；10—壳体；11—水封总成；12—叶轮

⑥ 从水泵叶轮上拆下锁环 6 和水封总成 11。

⑦ 如果水泵轴 2 和轴承 9 经检测需要更换，则先将水泵加热到 75℃～85℃，然后用水泵轴承拆装器和压力机将其拆卸下来。

⑧ 拆卸油封及有关衬垫，从壳体 10 上拆下浮动座。

⑨ 换位夹紧，拆卸进水管紧固螺栓，拆卸进水管。

⑩ 拆卸密封圈、节温器。

⑪ 安装时更换所有衬垫及密封圈。

⑫ 将拆卸的零件放入清洗剂中清洗。

3. 水泵的装配

水泵安装时基本顺序与拆卸顺序相反。但是，除更换衬垫及密封圈外，首先对清洗好的零件进行检查测量，磨损严重的，必须更换新件，各零部件检查合格才能装复。

① 水泵轴与轴承的配合，一般为 $-0.010～+0.012mm$，大修允许为 $-0.010～+0.030mm$。

② 水泵轴承与轴承孔的配合，一般为 $-0.02～+0.02mm$，大修允许为 $-0.02～+0.044mm$。

③ 水泵轴与叶轮轴承孔的配合，无固定螺栓（螺母）的，一般为 $-0.04～-0.02mm$，有固定螺母的，一般为 $-0.01～+0.01mm$。

④ 水泵叶轮装合后，一般应高出泵轴 $0.1～0.5mm$。

⑤ 水泵装合后，叶轮外缘与泵壳内腔之间的间隙，一般为 $1mm$；叶轮与泵盖之间应有 $0.075～1.00mm$ 的间隙。

⑥ 各部螺栓、螺母应按规定的力矩拧紧，锁止应可靠。

⑦ 水泵下方的泄水孔应畅通。

⑧ 水泵装合后，应对水泵轴承加注规定牌号的润滑脂。

安装时，特别注意水泵叶轮与水泵壳体的轴向间隙，水泵叶轮与壳体的径向密封处的间隙，并注意轴承的润滑条件。

六、实训考核

1. 实训报告

① 叙述所拆装发动机的冷却液循环路线。

② 试说明如何进行节温器的检查。

③ 试述离心式水泵的拆装步骤及装配时的注意事项。

2. 实训考核与评分

实训考核与评分见表 7-1。

表 7-1　发动机冷却系统实训考核与成绩评定（参考）

序号	考核内容	配分	评分标准
1	正确使用工具、仪器	10	工具使用不当扣 10 分
2	冷却系统总体拆装	10	拆装顺序错误扣 5 分
3	离心式水泵的拆装	20	拆装顺序错误扣 10 分
4	节温器的检查	15	检查判断错误扣 10 分
5	散热器的拆装	15	拆装顺序错误扣 8 分
6	整理工具、清理现场	10	每项扣 2 分,扣完为止
7	冷却水循环分析	20	分析错误一次扣 10 分
	分数总计	100	

注：要求安全用电、防火，无人身、设备事故。若因违反操作安全发生重大人身和设备事故，此次实训按 0 分计。

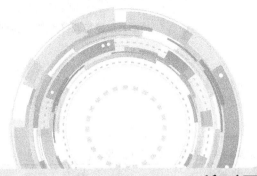

实训项目八
润滑系拆装与检测实训

一、实训参考课时

2课时。

二、实训目的及要求

① 学会车辆发动机机油泵、机油滤清器拆装与检查。
② 学会分析发动机的润滑油路。
③ 了解车辆发动机常用润滑油牌号。

三、实训设备及工量具

车辆发动机1台；发动机拆装架1台；车辆发动机常用拆装工具1套，专用拆装工具1套；零部件存放台、盆各1个；机油壶、润滑油、棉纱等；车辆发动机润滑系统油路示教板1块；车辆发动机常用润滑油样品1套（含汽油机机油与柴油机机油各种牌号）；发动机拆装实训录像片及相关的教学挂图等；多媒体教室1间。

四、实训内容

① 车辆发动机润滑系统主要部件拆装检测。
② 润滑油路分析。
③ 车辆发动机常用润滑油识别。

五、实训操作及步骤

（一）润滑系统总体拆装
1. 观察润滑系统总体组成
润滑系统总体组成见图8-1。
2. 润滑系统总体拆装
润滑系统总体拆装参见实训项目二。对于机油压力传感器、机油压力表和报警开关，各机型有所不同，如桑塔纳车辆发动机的机油高压不足传感器安装在机油滤清器座上，机油低压不足传感器安装在气缸盖油道的后端。
安装油底壳的固定螺钉时，应注意从内到外分次拧紧油底壳各螺钉。机油滤清器拆装时

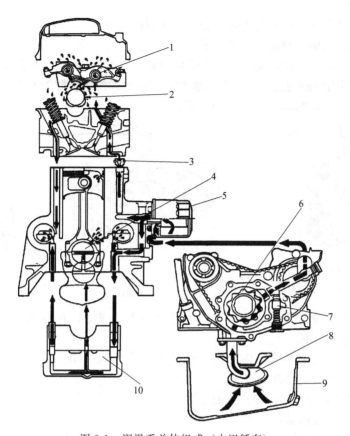

图 8-1　润滑系总体组成（本田轿车）

1—摇臂轴；2—凸轮轴；3—节流孔；4—曲轴；5—机油滤清器；6—机油泵；7—限压阀；
8—机油集滤器；9—油底壳；10—曲轴主轴承

应使用专用工具。

（二）润滑系统主要部件拆装与检测

1. 机油泵拆装与检测

机油泵有齿轮式和转子式两种形式。

（1）齿轮式机油泵拆装与检测（以桑塔纳车辆发动机为例）

① 观察齿轮式机油泵基本结构，它主要由一对齿轮组成（图 8-2）。

② 旋松分电器轴向限位卡板的紧固螺栓，拆去卡板，拔出分电器总成。

③ 旋松并拆卸两只将机油泵盖、机油泵体紧固到机体上去的长紧固螺栓，将机油吸油部件一起拆下。

④ 拧松并拆下机油吸油管组件紧固螺栓，拆下吸油管组件，检查并清洗滤油网。

⑤ 旋松并拆下机油泵盖短紧固螺栓，取下机油泵组件，检查泵盖上的限压阀。

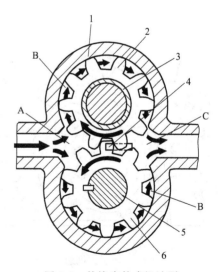

图 8-2　外接齿轮式机油泵

1—机油泵体；2—机油泵被动齿轮；3—衬套；
4—卸压槽；5—驱动轴；6—机油泵主动齿轮；
A—进油腔；B—过渡油腔；C—出油腔

⑥ 分解主被动齿轮，再分解齿轮和轴，垫片更换新件。

⑦ 检查机油泵的磨损情况，方法如下。

检查机油泵盖与齿轮端面间隙：用钢尺直边紧靠在带齿轮的泵体端面上（图 8-3），将塞规插入二者之间的缝隙进行测量，其标准为 0.05mm，使用极限为 0.15mm，若不符，可以通过增减泵盖与泵体之间的垫片来进行调整。

 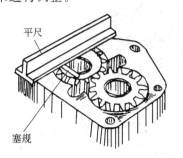 

图 8-3 机油泵盖与齿轮
端面间隙检查　　　图 8-4 主、被动齿轮与
泵腔内壁间隙检查　　　图 8-5 主、被动齿轮
的啮合间隙检查

检查主、被动齿轮与泵腔内壁间隙：用塞规插入二者之间的缝隙进行测量（图 8-4），超过 0.3mm 时应换新件。

检查主、被动齿轮的啮合间隙：用塞规插入啮合齿间（图 8-5），测量 120°三点齿侧，标准为 0.05mm，使用极限为 0.20mm。

⑧ 将所有零件清洗干净，按分解的逆顺序进行装配。

（2）转子式机油泵拆装与检测

① 观察转子式机油泵基本结构。它主要由一对内外转子组成（图 8-6）。

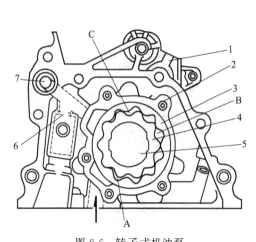 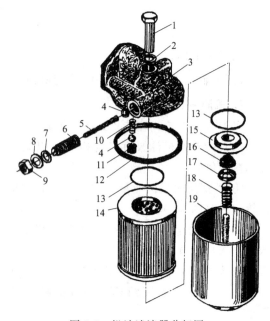

图 8-6 转子式机油泵

1—发动机体；2—机油泵体；3—外转子；4—内转子；5—驱动轴；6—安全阀；7—出油孔；A—进油腔；B—过渡油腔；C—出油腔

图 8-7 机油滤清器分解图

1—拉紧螺母；2,8—垫圈；3—机滤体；4—钢球阀；5—调压弹簧；6—调压螺钉；7,13—密封圈；9—螺母 10—旁通阀弹簧；11—阀座；12—密封环；14—滤芯组件；15—滤芯座；16—密封垫托；17—托盘；18—弹簧；19—壳体组件

② 转子式机油泵安装位置与结构形式随不同发动机而有所不同，一般多放在发动机前端的机油泵体内，拆卸机油泵盖螺钉即可拆卸转子式机油泵。

有的机油泵带有安全阀（限压阀）6，可将端部的调整螺钉旋松，即可取出安全阀及弹簧组件。有的是则是不可拆卸的。

③ 转子式机油泵的检测。检测项目、方法与齿轮式机油泵相同，不再赘述。

④ 转子式机油泵的装配。装配顺序与安装时相反。

2. 机油滤清器拆装

（1）机油滤清器结构　机油滤清器分可拆卸和不可拆卸两种，不可拆卸式只能一次性使用，不能更换滤芯。可拆卸滤清器结构如图8-7所示。

（2）机油滤清器拆装　旋松拉紧螺母1，即可取下滤芯组件14、壳体组件19等零部件。

机油滤清器常带有机油压力调整装置，只要旋松螺母9，即可旋出调压螺钉6、拆卸调压弹簧5和钢球阀4。

装配顺序与安装时相反。其机油压力调整需根据发动机要求，启动发动机，通过旋转调压螺钉进行调整。

（三）润滑油路分析

不同发动机，润滑油路有所不同，其基本流向可参照图8-8进行分析。

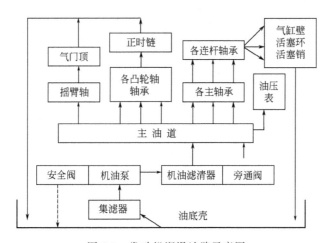

图 8-8　发动机润滑油路示意图

（四）车辆发动机润滑油识别

① 观察汽油机机油的 SC、SD、SF、SG、SH 六个级别机油外观、气味和黏度。

② 观察使用中的汽油机机油的外观、气味和黏度。

③ 观察柴油机机油的 CC、CD、CD-Ⅱ、CE、CF-4 五个级别机油外观、气味和黏度。

④ 观察使用中的柴油机机油的外观、气味和黏度。

六、实训考核

1. 实训报告

① 画出所拆卸发动机的润滑油路示意图。

② 叙述发动机机油泵拆装与检测过程。

2. 实训考核与评分

实训考核与评分参考表 8-1。

表 8-1　发动机润滑系统实训考核与成绩评定（参考）

序号	考核内容	配分	评分标准
1	正确使用工具、仪器	10	工具使用不当每次扣 5 分
2	润滑系统总体拆装	20	拆装不当每次扣 5 分
3	拆装检查机油泵	20	拆卸不正确每次扣 5 分，检查不当每项扣 5 分
4	拆装机油滤清器	20	拆装方法不正确每次扣 5 分
5	分析发动机的润滑油路	30	缺少一条油路扣 5 分
	分数总计	100	

注：要求操作现场整洁，安全用电、防火，无人身、设备事故。若因操作不当发生重大事故，此次实训按 0 分计。

实训项目九

燃油供给系拆装与调整实训

一、实训参考课时

2 课时。

二、实训目的及要求

① 了解汽油机燃油供给系统的组成及油路。
② 学会汽油机滤清器的拆装，掌握其结构和工作过程。
③ 学会汽油泵的拆装，理解其结构和工作原理。
④ 学会化油器五大装置拆装，了解其名称及基本作用。

三、实训设备及工量具

化油器式汽油车辆发动机 1 台；发动机拆装架 1 台；膜片式汽油泵 1 个；车辆发动机常用拆装工具 1 套，专用拆装工具 1 套；零部件存放台、盆各 1 个；发动机拆装实训录像片及相关的教学挂图等；多媒体教室 1 间。

四、实训内容

① 汽油机燃料供给系统总体拆装。
② 汽油滤清器的拆装。
③ 汽油泵的拆装及检查。
④ 化油器的拆装与调整。

五、实训操作及步骤

由于车型的不同，汽油机燃料供给系统的结构也不尽相同，但其总成的拆装与调整的方法基本相同，这里以上海桑塔纳轿车 JV 发动机用的膜片式汽油泵和 KEIHIN 化油器的拆装与调整来分别叙述。

（一）化油器式燃料供给系统的总体拆装

1. 燃料系统的基本组成

化油器式发动机燃料供给系统主要由化油器、汽油箱、汽油滤清器、油气分离器、汽油泵和油管等组成（见图 9-1）。

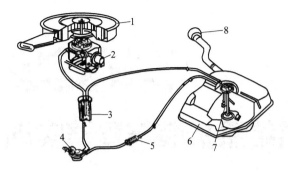

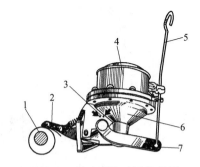

图 9-1　化油器式发动机燃料供给系统基本组成

1—空气滤清器；2—化油器；3—油气分离器；4—汽油泵；
5—汽油滤清器；6—燃油箱；7—燃油表传感器；8—油箱盖

图 9-2　膜片式汽油泵外观图

1—偏心轮；2—摇臂；3—泄油孔；4—油泵上体；
5—手摇臂拉杆；6—油泵本体；7—手摇臂

2. 拆装燃料系统各总成部件

① 拆下蓄电池接地线，放出油箱中的汽油。

② 松开固定空气滤清器的螺母，拆下空气滤清器 1。

③ 拔掉化油器上的连接油管和真空管并作标记（以便于装配），松开固定化油器的螺母，拆下化油器 2。

④ 拔掉汽油泵上的连接油管并作标记（以便于装配），松开固定汽油泵的螺母，拆下汽油泵 4。

⑤ 依次拆下油气分离器 3 和汽油滤清器 5。

⑥ 卸下油箱盖 8 并抽出上面的吸油管、回油管及通气管，松开燃油箱固定螺母，拆下燃油箱 6。

⑦ 对各总成部件进行检查和清洗，若损坏则更换。

⑧ 按拆装相反的顺序进行装配。

（二）汽油泵的拆装

汽油泵按驱动方式的不同，分为机械驱动式和电驱动式两种。这里以 EQB501 型机械膜片式汽油泵为例，介绍膜片式汽油泵的拆装。

1. 膜片式汽油泵外观图

见图 9-2。

2. 膜片式汽油泵的分解图

见图 9-3。

3. 膜片式汽油泵的拆装

① 拆下上盖固定螺钉，取下上盖 1 及衬片 2。

② 拆下连接上下体的连接螺栓，使上下体分离（注意上、下体的相对位置，必要时应做记号），取下上体并拆下进、出油管接头 30。

③ 翻转汽油泵上体，拆下固定阀门用的阀门支承片 10 的螺栓，取下阀门支承片 10，取出进、出油阀和阀门衬片 4。注意：进、出油管接头，进、出油阀的结构相同，拆卸时应注意其安装位置及安装方向（如图 9-4 所示），以防装合时出错。详细观察进、出油阀的安装方向并分析其单向作用。一手拿住下体及泵膜总成组合件，另一手按动外摇臂 24 或拉动手拉杆 22，观察膜片上、下移动，分析进、出油阀开闭情况。

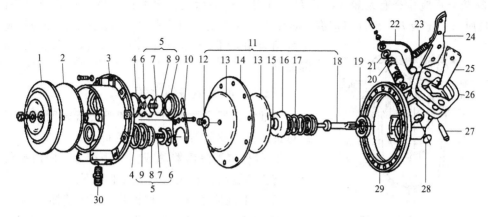

图 9-3　汽油泵分解图（EQB501 型）

1—上盖；2—上盖衬片；3—泵盖；4—阀门衬片；5—阀门总成；6,9—阀门盖；7—阀门弹簧；8—阀门；10—阀门支承片；11—泵膜总成；12,15—垫圈；13—泵膜夹片；14—泵膜；16—泵膜弹簧座；17—泵膜弹簧；18—泵膜拉杆；19—泵膜拉杆油封总成；20—手拉杆轴；21—手拉杆轴密封圈；22—手拉杆；23—摇臂复位弹簧；24—外摇臂；25—泵膜拉杆拉钩内摇臂；26—汽油泵衬垫 27—摇臂轴；28—钢丝挡圈；29—油泵本体；30—油管接头

④ 将泵膜总成稍向下压，使泵膜弹簧 17 压缩，泵膜拉杆 18 下移与内摇臂 25 脱开，再转动泵膜总成使拉杆下端孔与内摇臂挂钩脱离，抽出膜片总成。

⑤ 拆下压装固定泵膜片的螺母（在泵膜拉杆上）。注意膜片弹簧有预紧力应防止螺母拧松时泵膜弹簧弹出伤人。依次取下垫圈 12、泵膜上夹片 13、泵膜 14、泵膜下夹片 13、垫圈 15、泵膜弹簧座 16、泵膜弹簧 17 及泵膜拉杆油封 19。

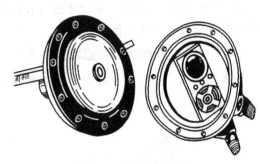

图 9-4　汽油泵的拆开

⑥ 取下摇臂复位弹簧 23，拆下摇臂轴 27，取下外摇臂 24，注意观察内、外摇臂、手拉杆 22 之间的相互关系，以及复位弹簧 23 的作用。尤应注意观察分析内、外摇臂之间的角间隙的结构及其作用——启动前手油泵泵油时，外摇臂扣在凸轮轴上，内摇臂可单独运动；当膜片下凹，化油器不需要供油时，内摇臂不动而外摇臂仍可在凸轮推动下摇动。

4. 汽油泵的检验

① 外摇臂与凸轮传动部位，内摇臂与膜片推杆传动部位：工作表面的磨损量≤0.2mm。

② 进出油阀的密封性检验，将阀片装于阀座，用汽油润湿后，用嘴吹、吸检验进出油阀的密封性。

5. 汽油泵的装合

装合前，应彻底清洗全部零件，并认真检查膜片及各处衬垫是否破裂、损坏，如有损坏应进行更换。检查后按与解体相反的顺序装复，并注意以下几点。

① 按原方法装进、出油阀及进、出油管接头。

② 拧紧上、下体的连接螺栓时，应分两次并按对角进行。若拆卸时上、下体上有记号，应注意记号对正。

③ 装合后应检查有无漏气，其方法是用一只手堵进、出油口，另一只手推动手摇臂，进油口应有一定吸力，出油口应有一定压力。这表明汽油泵密封性能良好，另还应注意下体上的泄油孔要保持畅通（图9-4），以便及时发现泵膜漏油。

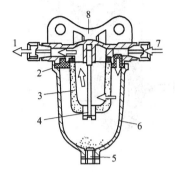

图 9-5 可拆式汽油滤清器

1—出油口；2—密封圈；3—陶瓷微孔滤芯；4—陶瓷紧固螺栓；5—放油螺塞；6—沉淀杯；7—进油口；8—上壳

（三）汽油滤清器的拆装

汽油滤清器主要有可拆式和不可拆式两种，下面介绍可拆式汽油滤清器（图9-5）的拆装。

① 拧松汽油滤清器总成上紧固螺母，同时扶住沉淀杯，将汽油滤清器总成从发动机上拆下。

② 取下汽油滤清器，拧松并取下沉淀杯。

③ 拧下滤芯压紧用陶瓷紧固螺栓，取下陶瓷微孔滤芯上的密封垫圈、滤芯、滤芯下的密封垫圈。

④ 取下沉淀杯密封垫圈，拆下进、出油接头。

⑤ 检查滤芯和各种密封垫圈的完好状况，清洗滤芯和各油道，若损坏应及时更换。

⑥ 装合汽油滤清器时，应按上述拆卸的相反顺序进行，特别注意密封垫圈的安装，以确保汽油滤清器的正常工作。

（四）燃油箱和燃油表传感器的拆装

以桑塔纳2000GSi轿车燃油箱和燃油表传感器的拆装为例。

1. 燃油箱的拆装（图9-6）

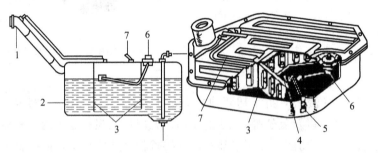

图 9-6 燃油箱和燃油表传感器

1—加油管；2—燃油箱体；3—隔板；4—放油螺塞；5—接汽油滤清器；6—燃油表传感器；7—接排气管

① 拆下蓄电池接地线，放出燃油箱中的汽油。

② 卸下油箱盖并抽出吸油管、回油管及小通气管；拆下燃油表导线。

③ 松开连接管夹子，用托机托住油箱，松开紧固螺母，使燃油箱下沉。

④ 将加油管处的通大气管拔下，拆下燃油箱。

⑤ 按拆卸的相反顺序装配。

2. 燃油表传感器的拆装

① 拆下行李箱地毯下的燃油箱盖板；拔出吸油软管、回油管和通气管；拆卸燃油表导线插头，旋开环形大螺母，取下燃油表传感器。

② 装配时应注意传感器上的记号应朝向车辆行驶方向，且按拆装相反顺序装配。

（五）化油器的拆装

以上海桑塔纳轿车 JV 发动机用的 KEIHIN 型化油器为例，该发动机所用的化油器为双腔分动、双重喉管下吸式化油器。它由上体和本体两部分组成，上体布置有进油系统、启动系统、真空省油器活塞推杆及主副腔过渡用空气量孔等主要部件。本体布置有主供油装置、怠速装置、加速装置、真空省油器针阀总成、大喉管、小喉管、浮子室、副腔膜片分动器、负荷自动装置、怠速电磁截止阀以及节气门操纵机构等。

1. 化油器的分解图

上海桑塔纳轿车 JV 发动机用的 KEIHIN 型化油器的分解图如图 9-7 所示。

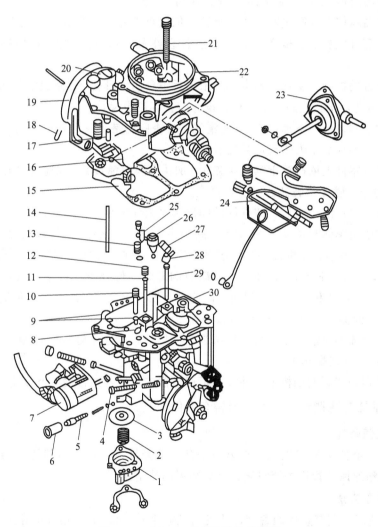

图 9-7　KEIHIN 型化油器的分解图

1—加速泵盖；2—膜片弹簧；3—加速泵膜片；4—怠速调整螺钉；5—调整螺钉；6—盖帽；7—电磁截止阀；
8—怠速空气量孔；9—怠速油量孔；10—螺塞；11—主腔泡沫管；12—主腔空气补偿量孔；13—主腔主量孔；
14—加速泵推杆；15—衬垫；16—浮子；17—针阀；18—钢丝夹；19—控制杆；20—小浮子调整螺钉；
21—螺栓；22—化油器上体；23—真空开启装置；24—副腔真空控制器；25—支架；26—加浓阀；
27—副腔主量孔；28—副腔空气量孔；29—副腔泡沫管；30—化油器本体

2. 化油器的拆装和清洗

KEIHIN 化油器分上体和本体两部分，其结构分解图如图 9-7 所示。

其拆装方式和清洗步骤如下（化油器拆卸至能看清主要结构即可，不必完全分解）。

① 松开化油器紧固螺母，拆掉化油器上各连接油管及真空管（依次进行编号以便装配），从发动机上拆下化油器总成。

② 拆下加速泵推杆 14 和拉杆（图中未标出）的连接。

③ 均匀拧松化油器上体 22 和化油器本体 30 的连接螺栓（未画出），分开化油器上体 22 和化油器本体 30。

④ 取下密封衬垫 15。

⑤ 从化油器上体 22 上拆卸下浮子 16、针阀 17 等。

⑥ 从化油器本体上拆卸主腔主供油装置，依次拆下主腔主量孔 13、主腔空气补偿量孔 12 及主腔泡沫管 11 并摆放整齐，清洗上述各组件及油道，注意泡沫管中数排空气孔的畅通。

⑦ 急速装置的拆卸，从化油器本体上依次拆下急速油量孔 9、急速空气量孔 8、急速电磁截止阀 7 并清洗，检查电磁阀的工作情况，若损坏则更换。

⑧ 从化油器本体上拆下加浓阀 26 并清洗，检查阀门是否灵活，从化油器上体拆下真空开启装置 23，检查真空加浓柱塞是否灵活。

⑨ 从化油器本体上依次拆下加速泵盖 1、加速泵膜片弹簧 2、加速泵膜片 3 及加速泵推杆 14 并清洗检查，膜片若破裂，应予以更换。

⑩ 主腔各装置清洗完毕后，按拆卸的相反顺序正确装复。

⑪ 对副腔进行解体和清洗，依次拆下副腔主量孔 27、副腔空气量孔 28、副腔泡沫管 29，并清洗油道，完毕后按拆卸的相反顺序正确装合。注意先拆洗主腔各量孔并装配后再拆洗副腔各量孔，由于 KEIHIN 化油器主、副腔的部分零件外形、尺寸一致，而量孔的直径或泡沫管的数量、尺寸和位置不尽相同，因此主、副腔应先后拆洗，以避免造成主副腔的零件装错，导致化油器急速不稳，过渡不圆滑等。

⑫ 化油器上体和化油器下体拆卸清洗装复完毕后，用连接螺栓将化油器上体 22、衬垫 15 及化油器本体 30 装配起来。

⑬ 把化油器安装到发动机上，并按照标记依次连接好各连接油管及真空管

（六）化油器急速调整（以桑塔纳轿车为例）

1. 急速调整条件

发动机机油至少在 60℃以上，阻风门全开，远光灯打开，关掉其他电器；拔下气门罩盖后端的曲轴箱通风软管；关掉空调；点火装置调节正常。

2. 急速调整方法

如图 9-8 所示，调节急速调整螺钉使发动机急速为：850r/min±50r/min。

3. 一氧化碳调整

急速调整后，将测量废气的探头插入排气管内，观察废气测试仪表上 CO 含量显示值，其规定值为 1%±0.5%。若显示数据高于规定值，表示空燃比过低，空气供给量不足，可通过如图 9-9 的 CO 调节螺钉进行一氧化碳含量的调整，多供给空气，提高空燃比，则 CO 的含量会明显降低。

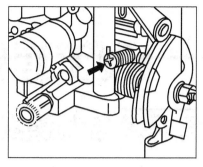

图 9-8 化油器怠速调整

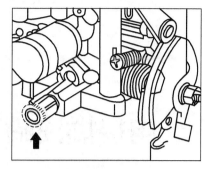

图 9-9 化油器 CO 调整

发动机的怠速和 CO 含量的调整需借助专用的仪表进行。不正常的怠速和 CO 含量会影响发动机性能的正常发挥。

六、实训考核

1. 实训报告

① 试说明膜片式汽油泵的拆装步骤。

② 拆装 KEIHIN 化油器应注意什么问题。

③ 如何进行发动机的怠速调整。

2. 实训考核与评分

实训考核与成绩评定参考表 9-1。

表 9-1 汽油机燃油供给系统的考核与成绩评定（参考）

序号	考核内容	配分	评分标准
1	正确使用工具、仪器	10	工具使用不当扣 5 分
2	膜片式汽油泵拆装	20	拆装顺序错误扣 10 分,零件摆放乱酌情扣分
3	汽油滤清器的拆装	15	拆装顺序错误酌情扣分
4	燃油箱和油压传感器的拆装	15	拆装顺序错误酌情扣分
5	化油器拆装	30	拆装顺序错误扣 10 分,零件摆放乱酌情扣分
6	整理工具、清理现场	10	每项扣 2 分。扣完为止
	分数总计	100	

注：要求安全用电、防火、无人身、设备事故。若因违反操作安全发生重大人身和设备事故,此次实训按 0 分计。

实训项目十

电控燃油喷射系统拆装与调整实训

一、实训参考课时

2 课时。

二、实训目的及要求

① 了解电控燃油喷射系统的组成。
② 学会电控燃油喷射系统的拆装。
③ 学会主要传感器的拆装与检测。
④ 学会执行器的拆装与检测。

三、实训设备及工量具

车辆电喷发动机 1 台；发动机拆装架 1 台；车辆发动机常用拆装工具 1 套，专用拆装工具 1 套；零部件存放台、盆各 1 个；解剖的车辆发动机工作原理示教台 1 台（可以运转演示）；发动机拆装实训录像片及相关的教学挂图等；多媒体教室 1 间。

四、实训内容

① 电控燃油喷射系统的组成认识。
② 电控燃油喷射系统的拆装与调整。
③ 主要传感器的拆装与检测。
④ 执行器的拆装与检测。

五、实训操作及步骤

由于车型的不同，车辆电控燃油喷射系统的结构也不尽相同，但电控燃油喷射系统及各组成部件的拆装与调整的方法基本相同，这里以 LS400 型电控燃油喷射系统为例进行讲叙。

（一）电控燃油喷射系统的基本组成

电控燃油喷射系统一般由空气供给系统、燃料供给系统和电子控制系统三大部分组成，图 10-1 是 LEXUS LS400 型燃料供给系统。

（二）电控燃油喷射系统的控制元件在车上的位置

图 10-2 是 LEXUS LS400 型电控燃油喷射系统。

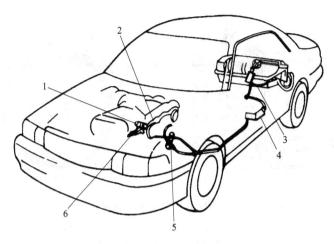

图 10-1　LEXUS LS400 型燃料供给系统

1—燃油压力调节器；2—燃油分配管；3—电动燃油泵；4—燃油滤清器；

5—脉动阻尼器；6—喷油器

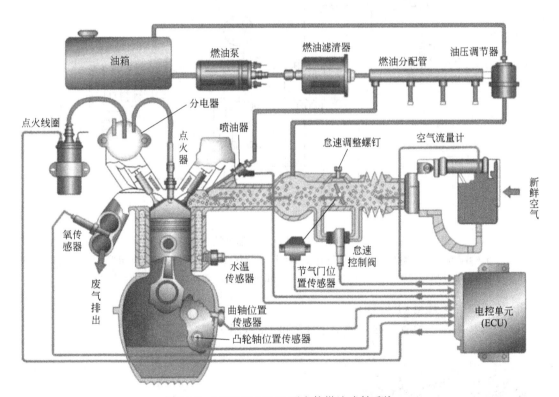

图 10-2　LEXUS LS400 型电控燃油喷射系统

（三）电动燃油泵的拆装

1. 电动燃油泵结构图

LEXUS LS400 型电动燃油泵是一个离心转子式电动油泵，其构造如图 10-3 所示。

2. 电动燃油泵的车上检查（图 10-4 是 LEXUS LS400 型燃油泵控制电路图）

（1）检查燃油泵的工作情况

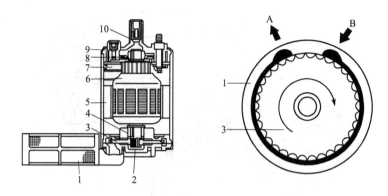

图 10-3　LEXUS LS400 型电动燃油泵构造图

1—滤网；2—橡胶缓冲垫；3—转子；4,8—轴承；5—磁铁；6—电枢；7—电刷；9—限压阀；

10—单向阀；A—出油；B—进油

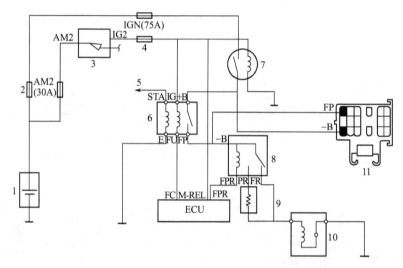

图 10-4　LEXUS LS400 型燃油泵控制电路图

1—蓄电池；2—主熔丝；3—点火开关；4—熔丝（20A）；5—至启动继电器；6—开路继电器；

7—EFI主继电器；8—输油泵继电器；9—电阻器；10—输油泵；11—检查连接器

① 将点火开关旋至 ON。

② 用跨接线接上检查连接器的端子 TP 和＋B（图 10-5）。

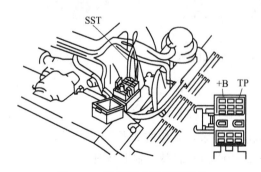

图 10-5　跨接检查连接器端子

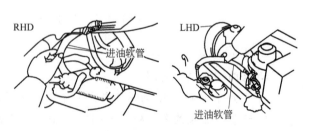

图 10-6　检查进油软管

③ 检查燃油泵是否运转。

④ 检查进油软管是否有压力（图10-6）。

⑤ 检查回油管是否有回油。

（2）检查燃油压力

① 检查蓄电池电压是否在12V以上。

② 脱开蓄电池负极电缆，脱开用于EGR系统的VSV阀。

③ 放一只容器在左输油管后端下面，慢慢松开后油管左侧的接头螺栓，放掉左输油管中的燃油，如图10-7所示，把油压表接到输油管上，重新接上蓄电池负极电缆。

④ 用跨接线接上检查连接器的端子TP和＋B（图10-5），并将点火开关旋至ON。

⑤ 测量燃油压力应为：265～304kPa。

⑥ 从检查连接器上拆下跨接线。

⑦ 启动发动机，再拆开燃油压力调节器上的真空软管并堵住软管管口（图10-8），使发动机以怠速转速运转并观察压力表的读数。此时压力表的读数应为265～304kPa。

⑧ 将真空软管重新接到燃油压力调节器上（图10-9），这时怠速时的燃油压力应为196～235kPa。

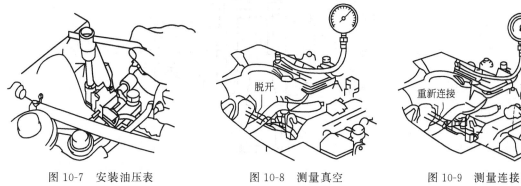

图10-7　安装油压表　　　　图10-8　测量真空　　　　图10-9　测量连接
　　　　　　　　　　　　　　管脱开时压力　　　　　　　　真空管时压力

⑨ 使发动机停机，观察压力表指示，在5min之内，燃油压力应保持在147kPa以上。

⑩ 拆下油压表，装回EGR系统的VSV阀。

3. 燃油泵的拆卸

① 拆出行李箱地板垫和装饰盖板，然后拔下燃油泵导线连接器。

② 拆出后座椅坐垫和靠背，在拆出分隔盖板后，取下燃油箱上的燃油泵固定板和燃油泵支架。从支架上脱开燃油软管，然后拆出燃油泵、支架及固定板总泵。

4. 检查燃油泵

① 用欧姆表检测燃油泵导线连接器各引脚间的电阻，其值应为0.2～0.3千欧姆（20℃）。若电阻值不符合规定，则应更换燃油泵。

② 将蓄电池的正极接到燃油泵导线连接器的引脚1上，将负极接到引脚2上，燃油泵应工作，否则应更换燃油泵。

5. 燃油泵的分解与组装

① 从燃油泵拆下螺母、弹簧垫圈和导线后，卸下燃油泵固定板。

② 从燃油泵支架拉出燃油泵下端，然后脱开燃油泵上的燃油软管并拆下燃油泵，再从

燃油泵上拆下橡胶垫。

③ 脱开夹扣并拉出燃油滤清器。

④ 按分解的相反顺序进行燃油泵的组装。在组装时，必须要用新夹扣安装燃油滤清器，并以 5.4N·m 的力矩拧紧燃油泵托架的固定螺栓，以 2.9N·m 的力矩拧紧燃油泵固定板的安装螺栓。

(四) 燃油压力调节器的拆装

1. 燃油压力调节器的结构

如图 10-10 是 LS400 型轿车燃油压力调节器结构。

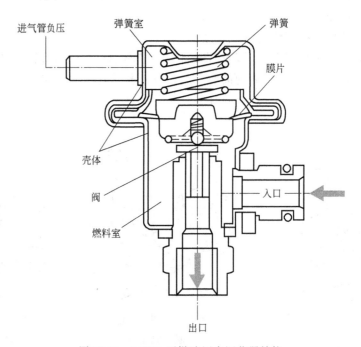

图 10-10　LS400 型燃油压力调节器结构

2. 燃油压力调节器的车上检查

燃油压力调节器的车上检查，在"燃油泵车上检查"的"检查燃油压力"部分中已有说明。

3. 燃油压力调节器的拆装

图 10-11 所示是 LS400 型轿车拆装燃油压力调节器所需拆卸与安装的零部件，其拆卸与安装的顺序和要求如下。

(1) 按要求拆下节气门体

(2) 拆下右侧输油管

① 卸下右侧输油管上的发动机线束固定螺栓，然后把线束与输油管脱开。

② 拔下右侧 4 个喷油器的导线连接器。

③ 拆下燃油压力调节器上的来自燃油压力控制的 VSV 阀的真空软管和燃油回流软管。

④ 卸下右侧点火线圈与支架的 4 个螺钉，并把线圈与支架脱开。

⑤ 卸下高压线下罩板与支架固定螺栓，再从右侧输油管脱开前部燃油管。

⑥ 卸下右侧输油管固定螺栓，并拆下右侧输油管。

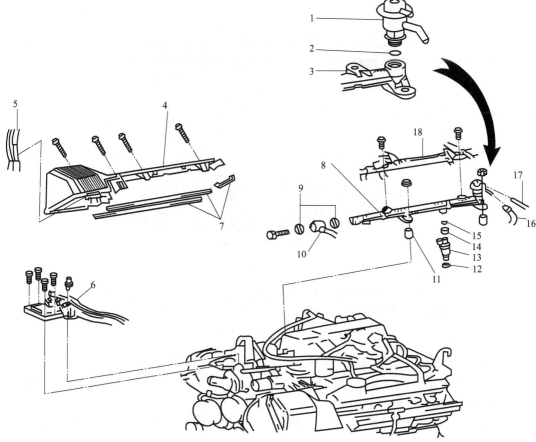

图 10-11　LS400 型轿车拆装燃油压力调节器所需拆卸与安装的零部件

1—压力调节器；2，15—O 形环；3—右侧输油管；4—正时带右侧 3 号罩；5—动力转向空气软管；6—右侧点火线圈；
7，9—衬垫；8—右侧输油管和燃油压力调节器；10—前部输油管；11—隔圈；12—绝缘子；13—喷油器；
14—橡胶密封圈；16—燃油回流软管；17—真空传感软管；18—发动机线束

（3）卸下燃油压力调节器的紧固螺母，然后拆下调节器并从调节器上拆下 O 形圈。

（4）按拆卸的相反顺序进行燃油压力调节器的安装。在安装时，要在新 O 形圈上涂一层机油，而且在安装调节器时要逆时针转动并使其达到规定的位置，应符合图 10-12 所示要求。油压力调节器锁紧螺母的拧紧力矩为 29N·m。

（五）电磁喷油器的拆装

1. 电磁喷油器的结构

LS400 型轿车采用上方供油式高电阻电磁喷油器，如图 10-13 所示。

2. 电磁喷油器的拆装

① 拆下进气室总成。

② 拆开右侧输油管的进油软管。

③ 从燃油压力调节器拆开真空软管和回油软管。

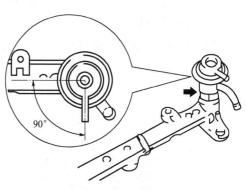

图 10-12　LS400 型油压调压器安装要求

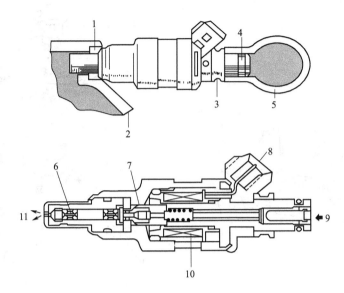

图 10-13 LEXUS LS400 型轿车上方供油式高电阻电磁喷油器

1—密封圈；2—进气支管；3—缓冲垫；4—O 形密封圈；5—分配油管；6—针阀；7—衔铁；

8—插头；9—进油口；10—电磁线圈；11—喷孔

④ 从输油管脱开发动机线束，然后拆下喷油器的导线插接器。

⑤ 从左侧输油管支架脱开检查导线插接器、发动机线束的插接器及发动机线束夹箍。

⑥ 拆开喷油器的导线插接器。

⑦ 卸下输油管与进气支管的固定螺母，拆下导线插接器支架、输油管和喷油器及其隔圈绝缘垫片。

⑧ 从输油管拉出 8 个喷油器并从喷油器上拆下 O 形密封环及密封胶圈。

（六）空气流量计的拆装

以空气流量计来说明传感器的拆装过程。

1. 空气流量计的结构

LEXUS LS400 型轿车采用反光镜检测方式的卡门旋涡式空气流量计，其结构如图 10-14 所示。

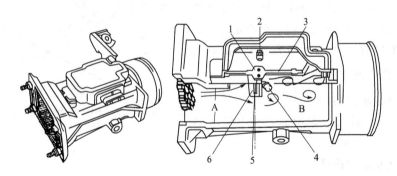

图 10-14 LEXUS LS400 型轿车的卡门旋涡式空气流量计

1—反光镜；2—发光二极管；3—钢板弹簧；4—光电晶体管；5—压力基准孔；

6—涡流发生器；A—空气流；B—卡门旋涡流

2. LEXUS LS400 轿车的卡门旋涡式空气流量计的拆装

① 拆下蓄电池夹箍盖板和空气滤清器进气口，拆开空气滤清器软管。

② 拔下空气流量计的导线连接器，松开软管夹箍，然后拆下空气滤清器壳体总成。

③ 从滤清器壳体总成上拆下空气流量计。

④ 检查空气流量计是否损坏，若损坏则更换。

⑤ 按拆卸的相反顺序进行空气流量计的安装。

3. 空气流量计的检查

① 检查空气流量计的电阻值。按图 10-15 所示，检查空气流量计导线插接器插座引脚间电阻值，其值应符合规定值，否则应更换空气流量计。

② 插上空气流量计导线插接器（图 10-16），用电压表的正极接引脚 VG，负极接引脚 EVG。按箭头所指，向空气流量计吹气，这时电压表的读数应出现波动，否则应更换空气流量计。

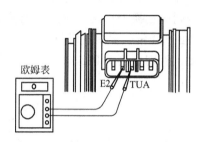

图 10-15 检查空气流量计电阻值图

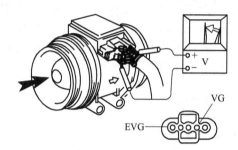

图 10-16 插上空气流量计导线插接器

（七）怠速控制阀（ISC）的拆装

以怠速控制阀为例来说明执行器的拆装过程。

1. 怠速控制阀（ISC）的结构

LEXUS LS400 型轿车怠速控制阀的结构和安装位置如图 10-17 所示。

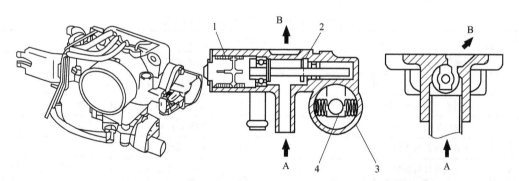

图 10-17 LEXUS LS400 型轿车怠速控制阀的结构和安装位置图
1—双金属片；2—阀门；3—线圈；4—Isc 阀；A—入口；B—出口

2. 怠速控制阀（ISC）的拆装（LEXUS LS400）

① 放掉发动机冷却液。

② 拆下 V 形排列气门室盖及进气连接管、正时齿带罩和高压线下盖板。

③ 脱开 ISC 阀上的来自节气门体的冷却液旁通水管和来自 EGR 阀的冷却液旁通水管

（带 EGR 系统的发动机）。

  ④ 拔下 ISC 阀上的导线插接器。

  ⑤ 拆下 ISC 阀及其衬垫。

  ⑥ 检查 ISC 阀是否损坏，若损坏则更换。

  ⑦ 按拆卸相反的顺序进行 ISC 阀的安装，并以 18N·m 的力矩拧紧 ISC 阀。

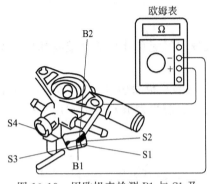

图 10-18　用欧姆表检测 B1 与 S1 及 S3、B2 与 S2 及 S4 间的电阻值

3. 怠速控制阀的检查

  ① 检查 ISC 阀的导线插接器插座引脚间的电阻值如图 10-18 所示，用欧姆表检测 B1 与 S1 及 S3、B2 与 S2 及 S4 间的电阻值。其值应为 $34\sim54\Omega$，否则应更换 ISC 阀。

  ② 检查 ISC 阀的工作情况　把蓄电池的正极接到图 10-18 的引脚 B1 和 B2 上，把蓄电池的负极依次接到引脚 S1—S2—S3—S4—S1 上，这时 ISC 阀应朝关闭位置移动，否则应更换 ISC 阀。然后再把蓄电池负极依 S4—S3—S2—S1—S4 的顺序相接，ISC 阀应朝打开的位置移动，否则应更换 ISC 阀。

六、实训考核

1. 实训报告

  ① 如何检查电控燃油喷射系统的燃油压力。

  ② 试说明压力调节器的拆装过程。

  ③ 如何拆装 LS400 电控燃油系统的空气流量计。

  ④ 叙述电喷发动机燃油系统拆装的注意事项。

2. 实训考核与评分标准

实训考核与成绩评定参考表 10-1。

表 10-1　电控汽油喷射系统实训考核与成绩评定（参考）

序号	考核内容	配分	评分标准
1	正确使用工具、仪器	10	工具使用不当扣 10 分
2	电喷系统总体结构认识	10	根据熟练程度酌情给分
3	电喷燃油供给系统燃油压力的检查	15	方法错误扣 5 分，数值不对扣 5 分
4	电动燃油泵的拆装	15	拆装顺序错误扣 5 分
5	电磁喷油器的拆装	15	拆装顺序错误扣 10 分
6	空气流量计的拆装	15	拆装顺序错误扣 5 分，阻值检测不对扣 10 分
7	怠速控制阀的拆装	10	拆装顺序错误扣 5 分，方法错误扣 5 分
8	整理工具、清理现场	10	每项扣 2 分，扣完为止
	分数总计	100	

注：要求安全用电、防火，无人身、设备事故。若因违反操作安全发生重大人身和设备事故，此次实训按 0 分计。

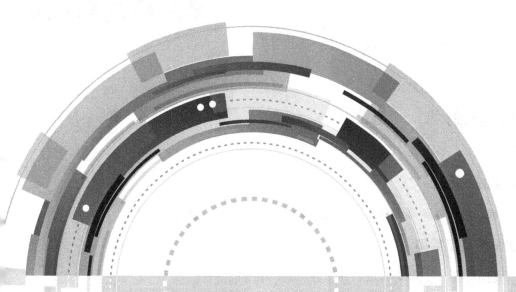

中篇　底盘实训

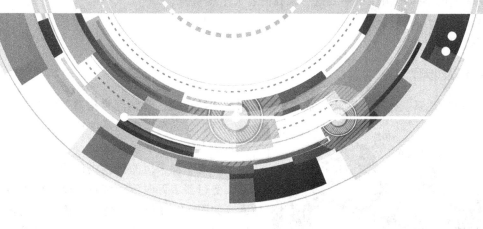

车辆底盘认识

一、实训参考课时

2 课时。

二、实训目的及要求

通过实训，认识车辆底盘的主要组成、结构及主要系统与总成的功用。

三、实训设备及工量具

货车、轿车、客车、越野车或特种车各一部，举升机一台。

四、实训内容

① 认识车辆的整体结构和车辆底盘、车身的各大组成系统。
② 观察车辆动力传递路线。
③ 学习使用举升机。

五、实训操作及步骤

车辆底盘由传动系、行驶系、转向系和制动系四大系统组成。车辆底盘构造见图 11-1。

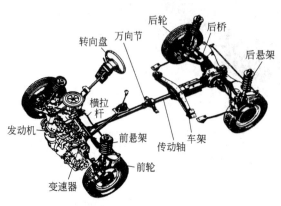

图 11-1　车辆底盘构造

（1）传动系　传动系的功用是将发动机的动力传递到驱动轮。

普通车辆采用的机械式传动系由离合器、变速器、万向传动装置、驱动桥等组成（如图 11-2 所示）。现代车辆越来越多地采用液力机械式传动系，以液力机械变速器取代机械式传动系中的离合器和变速器。

（2）行驶系　行驶系的功用是安装部件、支承车辆、缓和冲击、吸收振动、传递和承受发动机与地面传来的各种力和力矩，并保证车辆正常行驶。由车架、车桥、悬架、车轮等组成。

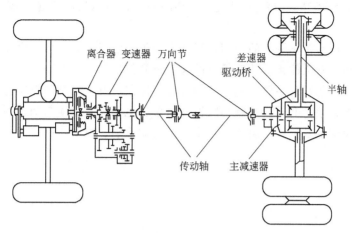

图 11-2　车辆传动系的组成与布置

（3）转向系　转向系的功用是控制车辆的行驶方向。由转向操纵机构、转向器、转向传动机构等组成（如图 11-3 所示）。现代车辆越来越普遍地采用了动力转向装置。

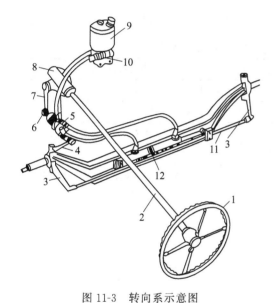

图 11-3　转向系示意图

1—转向盘；2—转向轴；3—梯形臂；4—转向节臂；5—转向控制阀；6—转向直拉杆；7—转向摇臂；8—机械转向器；9—转向油罐；10—转向液压泵；11—转向横拉杆；12—转向动力缸

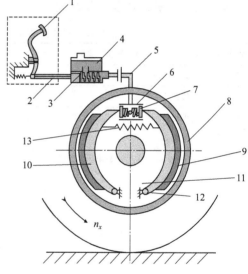

图 11-4　制动系结构示意图

1—制动踏板；2—推杆；3—主缸活塞；4—制动主缸；5—油管；6—制动轮缸；7—轮缸活塞；8—制动鼓；9—摩擦片；10—制动蹄；11—制动底板；12—支承销；13—制动蹄回位弹簧

（4）制动系　制动系的功用是使车辆减速、停车或驻车。一般驻车制动系至少应设行车制动和驻车制动等两套相互独立的制动装置，每一套制动装置由制动器、制动传动装置组成，现代车辆行车制动装置还设了制动防抱死装置（如图 11-4 所示）。

车辆底盘技术发展状况：

车辆从 1886 年诞生至今，经历了 100 多年的发展历史。20 世纪 90 年代以前，车辆底盘和车身各系统、各总成主要由机械零件构成，且主要采用机械控制，部分总成采用了液力传动。

1990 年以后，在不断改进和应用液力传动的同时，车辆上越来越广泛地应用了电子控制技术。

随着电子控制技术在车辆上的应用，现代车辆集机电于一体。车辆底盘及车身电子控制系统在提高操纵性、安全性、舒适性等方面起着重要作用。

车辆底盘电子控制系统主要有电子控制自动变速器、电子控制防滑差速器、电子控制加速防滑系统、电子悬架、电子控制制动防抱死装置、电子控制定速与加速系统、电子控制动力转向、车速感应稳定系统等。组合地运用液力机械传动、电子控制技术是现代车辆底盘的发展方向。

六、实训考核

1. 实训报告

① 车辆主要由哪几大部分组成，各起什么作用？
② 绘制不同形式的传动系的动力传递路线图。
③ 说明举升机的使用要点及注意事项。

2. 实训考核与评分

实训考核与成绩评定参考表 11-1。

表 11-1　车辆整车结构认识考核与成绩评定（参考）

序号	考核内容	配分	评分标准
1	认真观察学习	20	学习不认真扣 10～20 分
2	正确使用举升机	40	使用不当每要点扣 10 分
3	实训纪律	40	不遵守劳动纪律每次扣 10～20 分
	分数总计	100	

注：要求操作现场整洁，安全用电，防火，无人身、设备事故。若因操作不当发生重大事故，此次实训按 0 分计。

实训项目十二

离合器的拆装和调整

一、实训参考课时

2 课时。

二、实训目的及要求

① 掌握离合器及操纵机构的拆装步骤及技术要求。
② 熟悉离合器主要零部件的名称、结构、作用及相互装配关系。
③ 熟悉东风 EQ1090E 离合器结构中解决分离杠杆运动干涉的结构措施。
④ 掌握离合器踏板自由行程的调整方法。

三、实训设备及工量具

整车 2~5 台；轿车（普通桑塔纳、一汽奥迪 100、捷达、富康和进口轿车等）和解放 CA1092 型膜片弹簧式离合器、东风 EQ1090E 型周布弹簧式离合器及双片离合器数台；常用车辆维修工具若干套；专用离合器夹具、工作台若干套。

四、实训内容

① 离合器的拆装。
② 离合器的调整。

五、实训操作及步骤

（一）桑塔纳轿车离合器及操纵机构的拆装与调整

1. 离合器及操纵机构的拆卸

（1）离合器踏板总成的拆卸分解　参见图 12-1。
① 在离合器盖及飞轮上作装配记号。
② 从发动机飞轮上拆下离合器。
③ 在离合器盖与压板及膜片弹簧之间作装配记号，进行分解。
④ 拆下膜片弹簧装配螺栓，将膜片弹簧压盘及离合器盖分解。
（2）离合器分离机构的拆卸　参见图 12-2。

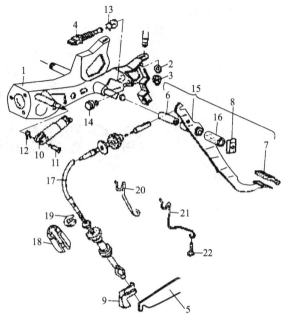

图 12-1 离合器踏板总成

1—安装支架；2—垫圈；3—螺母；4—制动灯开关；5—分离杠杆；6—内隔套；7—踏板垫；
8—卡夹；9—护套；10—离合器助力器；11—销钉；12,19—开口挡圈；13—锁圈；14—缓冲
块；15—离合器踏板组件；16—外隔套；17—离合器钢索；18—挡管；20,21—线夹；22—
螺钉

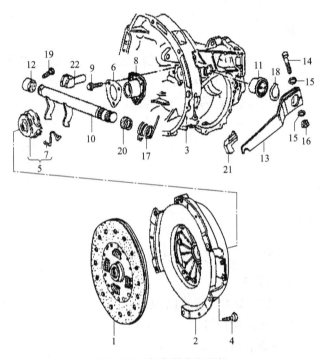

图 12-2 离合器分离机构

1—离合器从动盘；2—离合器压盘组件；3—变速器壳体；4,9,14,19—螺栓；5—分离轴承；6—衬垫；
7—分离轴承固定簧；8—分离轴承导向套；10—分离叉轴；11—衬套座；12—衬套；13—离合器
分离杠杆；15,18—垫圈；16—螺母；17—复位弹簧；20—防尘套；21—护套；22—限位套

2. 离合器及操纵机构的安装与调整

离合器及操纵机构的安装与调整参见图 12-3。

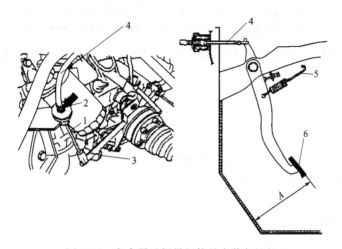

图 12-3 离合器及操纵机构的安装与调整

1—离合器钢索；2—调整螺母；3—驱动臂；4—分离叉轴；5—弹簧；6—离合器踏板

① 离合器总成的安装。

② 离合器内操纵机构的安装。

③ 离合器外操纵机构的安装与调整。

（二）一汽奥迪 100 轿车离合器的拆装与调整

一汽奥迪 100 轿车离合器除了操纵机构为液压操纵式外，其他与桑塔纳轿车离合器大同小异。因此，一汽奥迪 100 轿车离合器的拆装与桑塔纳轿车也相似。这里主要注意其液压操纵机构的拆装与调整。

① 离合器主缸的拆卸与分解。

② 离合器工作缸的拆卸与分解。

③ 离合器主缸、工作缸的装配。

④ 离合器液压系统中空气的排出。

（三）东风 EQ1090E 型车辆离合器的拆装与调整

1. 离合器的拆卸与分解

① 从发动机上拆下变速器总成（传动轴应先拆掉）。

② 从飞轮上拆下离合器总成。

③ 离合器盖及压盘总成的分解。

2. 离合器的装配与调整

（1）分离杠杆高度

调整方法：用扳手松开分离杠杆支承销上的锁紧螺母，顺时针旋转分离杠杆，调整螺母，分离杠杆内端升高；反之，分离杠杆内端降低。调整好后拧紧锁紧螺母。

技术要求：离合器盖与飞轮的 8 个连接螺件紧固后，才可调整分离杠杆高度，每调整一个分离杠杆，都要进行测量，各个分离杠杆内端高度差不应大于 0.2mm，距从动盘后端距离为 35～40mm。

（2）离合器踏板自由行程

调整方法：用扳手松开分离拉杆上的锁紧螺母，顺时针旋转球形调整螺母，离合器踏板自由行程减小；反之，离合器踏板自由行程增大。调整好后拧紧锁紧螺母。

技术要求：先测量离合器踏板自由高度，再压下踏板使分离轴承与分离杠杆刚刚接触，量出踏板高度，两数值之差，即为离合器踏板自由行程，EQ1090E 型车辆离合器踏板自由行程为 30～40mm。

六、实训考核

1. 实训报告

① 离合器由哪几部分组成，各起什么作用？
② 简述离合器的拆装顺序和要点。
③ 离合器踏板自由行程如何调整？

2. 实训考核与评分

实训考核与成绩评定参考表 12-1。

表 12-1　离合器拆装与调整实训考核与成绩评定（参考）

序号	考核内容	配分	考核标准
1	离合器的拆装	20	拆装顺序、方法不对酌情扣分
2	离合器的分解与组装	20	分解与组装顺序、方法不对酌情扣分
3	离合器踏板的调整	20	调整方法不当酌情扣分
4	零件及总成工作原理	20	每一问题 5 分
5	正确使用工具设备	10	使用不当每次扣 2～5 分，扣完为止
6	实训纪律	10	不遵守劳动纪律每次扣 5～10 分
	分数总计	100	

注：要求操作现场整洁，安全用电，防火，无人身、设备事故。若因操作不当发生重大事故，此次实训按 0 分计。

实训项目十三

手动变速器的拆装

一、实训参考课时

2 课时。

二、实训目的及要求

① 掌握变速器的拆装方法、步骤及相关技术要求。
② 熟悉变速器的变速传动机构的结构及其装配关系。
③ 掌握变速器的换挡操纵机构的结构与工作原理。
④ 熟悉同步器的结构及工作过程。
⑤ 熟悉变速器各轴的定位结构。
⑥ 掌握各挡位的动力传递路线。

三、实训设备及工量具

轿车（普通桑塔纳、捷达、富康和进口轿车）二轴式变速器和货车（解放 CA1092、东风 EQ1090E）三轴式变速器数台，确保每台 4～6 人；常用车辆维修工具若干套；轴承拉拔器及专用工具若干套。

四、实训内容

① 手动变速器的结构认识。
② 手动变速器的拆装。

五、实训操作及步骤

（一）解放 CA1092 型车辆六挡变速器的拆装

1. 变速器的拆卸

从车辆上拆下变速器。

2. 变速器解体

① 将变速器置于空挡。
② 拆下变速器盖及操纵机构。
③ 拆下第一轴。

④ 拆下第二轴。

⑤ 拆下倒挡轴。

⑥ 拆下中间轴。

⑦ 解体中间轴。

⑧ 解体变速器盖中的操纵机构。

⑨ 清洗各元件。

3. 变速器的装配

变速器的装配包括如下。

① 第二轴总成的装配；同步器总成的装配（参见图 13-1）；同步锥盘的装配。

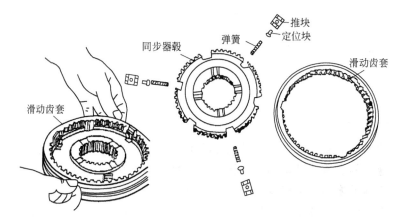

图 13-1 同步器总成的装配

② 第一轴总成的装配。

③ 中间轴总成的装配。

④ 变速器后盖总成的装配。

⑤ 变速器本体的装配。

⑥ 变速器上盖总成的装配。

⑦ 变速器顶盖的装配。

⑧ 变速器总成的安装：a. 安装变速器上盖；b. 安装变速器顶盖；c. 安装手制动器总成；d. 装好手制动操纵杆及其全部零件；e. 安装取力孔盖板；f. 安装离合器外壳。

（二）上海桑塔纳车辆变速器的拆装

1. 变速器总成的拆装

（1）变速器总成的拆卸 变速器总成拆卸的步骤如下。

① 拆下蓄电池搭铁线。

② 用 3016 工具松开里程表软轴连接螺栓，拆下车速表软轴；拆下倒车灯线束插座。

③ 从分离轴传动臂上拆下离合器拉索。

④ 拆下前排气管和消声器在变速器上的吊板。

⑤ 拆掉发动机中间支架。

⑥ 将万向节轴和变速器上的半轴分开。

⑦ 将变速器壳前护板拆下来，再拆下启动机。

⑧ 分开变速杆外换挡机构（参见图 13-2）。拆下变速杆外换挡机构与内选挡杆之间的十

字接合套 32；拆下变速杆外换挡机构的轴承右侧压板 31 与操纵支承杆 41 的连接。

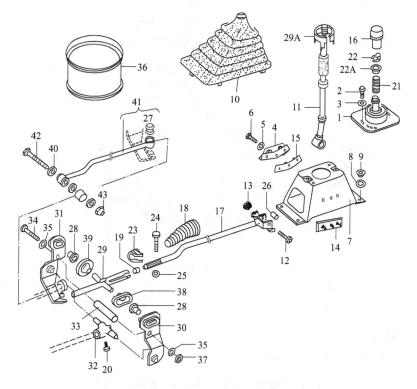

图 13-2　上海桑塔纳轿车的变速器换挡操纵机构

1—变速杆支承总成；2,6,12,20,24,34,42—螺栓；3,5,8,35,40—垫圈；4—倒挡限位块；7—变速杆壳体；
9,13,25,37,43—螺母；10—变速杆防尘套；11—变速杆；14,15—塑料缓冲块；16—手柄；17—换挡操纵杆；
18—换挡操纵杆防尘套；19—橡皮塞；21—弹簧；22—卡簧；22A,23—夹头；26,33—隔管；27—操纵
支承杆球头座；28—螺钉；29—操纵十字轴；29A—变速杆支承固定环；30—轴承左侧压板；31—轴承
右侧压板；32—十字结合套；36—护套；38,39—十字轴左、右防尘套；41—操纵支承杆

⑨ 再用起重车轻轻将变速器顶起。

⑩ 放松螺栓 15，旋出螺栓 5，再向后旋转变速器支架，拆下橡胶金属支架 16，如图 13-3
所示。

（2）变速器总成的安装　变速器总成的安装与拆卸顺序相反。

2. 变速器的解体与装配

① 变速器的解体与装配。

② 轴承支座和变速器后盖之间的调整垫片和密封圈厚度的确定。

③ 变速器输入轴总成的解体、装配与调整。

④ 变速器输出总成的解体、装配与调整。

六、实训考核

1. 实训报告

① 画出所拆变速器的结构简图。

② 简述变速器的拆装顺序和注意事项。

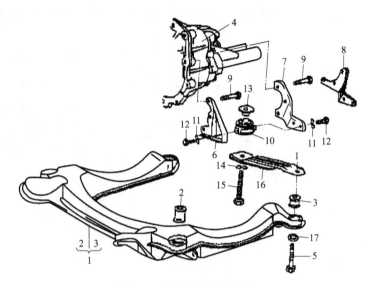

图 13-3 变速器支架的拆卸

1—副车架；2,3—缓冲套；4—变速器；5,9,12,15—螺栓；6—变速器前支架；7—变速器后支架；
8—排气管支架；10—缓冲块；11,14,17—垫圈；13—螺母；16—橡胶金属支架

2. 实训考核与评分

实训考核与成绩评定参考表 13-1。

表 13-1 变速器拆装实训考核与成绩评定（参考）

序号	考核内容	配分	考核标准
1	正确使用工具设备	10	每出现一次错误扣 2 分
2	变速器的分解	30	每出现一次错误扣 5 分
3	变速器的装配	30	每出现一次错误扣 5 分
4	零件及总成工作原理	20	每一问题 5 分
5	实训纪律	10	不遵守劳动纪律每次扣 10～20 分
	分数总计	100	

注：要求操作现场整洁，安全用电、防火，无人身、设备事故。若因操作不当发生重大事故，此次实训按 0 分计。

实训项目十四

自动变速器的拆装

一、实训参考课时

2 课时。

二、实训目的及要求

① 了解 FR 车自动变速器和 FF 车自动变速器的结构及工作情况。

② 掌握自动变速器的变矩器、行星齿轮机构和换挡执行元件的基本结构和工作原理。

③ 了解自动变速器的控制系统的基本结构及原理。

④ 掌握自动变速器的各挡位的动力传递路线。

⑤ 掌握自动变速器的正确拆装顺序及方法。

三、实训设备及工量具

FR 车自动变速器和 FF 车自动变速器 2～4 台，确保每台 4～6 人；拆装工作台若干张；举升器、常用工具若干套；自动变速器拆装专用工具若干套。

四、实训内容

① 自动变速器的结构。

② 自动变速器拆装。

③ 自动变速器检查、调整。

五、实训操作及步骤

1. A420L 和 A340E 型自动变速器总成的拆卸

① 拆下蓄电池负极桩夹（搭铁线）。

② 拆下变速器节气门拉索，参见图 14-1。

③ 拆下排气管。

④ 拆下后部撑杆。

⑤ 拆下传动物，注意作好配合记号，参见图 14-2。

⑥ 拆下车速传感器线插头（A240L）拆下第一、第二车速传感器插头和电磁阀线插头（A340E）。

图 14-1　拆下节气门拉索 　　　　　　　图 14-2　给传动轴作配合记号

⑦ 拆下控制杆，参见图 14-3。

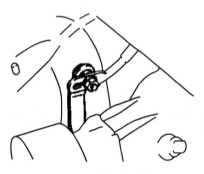

图 14-3　拆下控制杆 　　　　　　　　　图 14-4　拆下控制轴杆

⑧ 拆下油温传感器和超速挡电磁阀线插头。

⑨ 拆下加油管。

⑩ 拆下 ATF 散热管。

⑪ 顶住变速器，拆下变速器后支承件。

⑫ 拆下控制轴杆，参见图 14-4。

⑬ 拆下变速器前加强板。

⑭ 拆下空挡启动开关线束插头。

⑮ 拆下启动机。

⑯ 拆下变矩器盖；转动曲轴，拆下固定变矩器的 6 个螺栓。

⑰ 拆下变速器的 5 个（A240L）或 7 个（A340E）固定螺栓，再拆下变速器总成。

2. 自动变速器的分解

A340E 型自动变速器的分解参见图 14-5、图 14-6、图 14-7。

3. 装备与调整

① 将变矩器装入变速器凹腔内。若变矩器已漏油或是被清洗过，要填充新的 ATF。

② 用直尺和游标卡尺，测量从装合表面到变速器凹腔前表面的距离。

③ 装上变速器，对准两个定位销。固定螺杆力矩：64N·m。

④ 转动曲轴，装上变矩器固定螺栓（18N·m）。

⑤ 装上启动机、变矩器盖板、空挡启动开关线插头、控制杆轴、加强板（36N·m）、

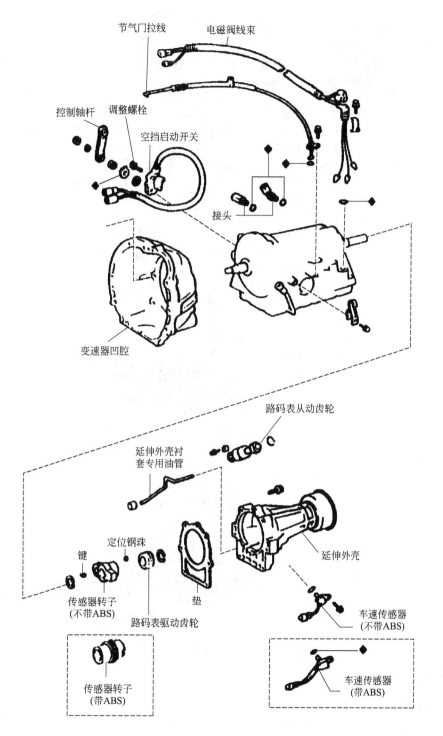

节气门拉线　　电磁阀线束

控制轴杆　调整螺栓

空挡启动开关

接头

变速器凹腔

路码表从动齿轮

延伸外壳衬套专用油管

定位钢珠

键

延伸外壳

传感器转子（不带ABS）

路码表驱动齿轮

垫

车速传感器（不带ABS）

传感器转子（带ABS）

车速传感器（带ABS）

图 14-5　A340E 型自动变速器基本组件的分解

后支承件、ATF 散热管（34N·m）、控制杆、速度传感器线插头、电磁阀线插头（A340E）、传动轴（对难装配记号）、撑杆、排气管、加油管。

　　⑥ 装上节气门拉索，调至正确长度。

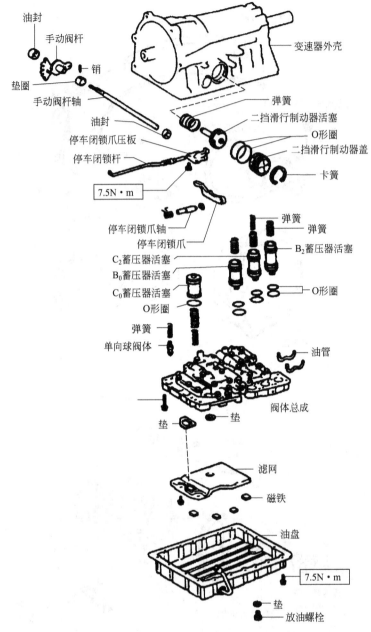

油封
手动阀杆
垫圈
手动阀杆轴
油封
停车闭锁爪压板
停车闭锁杆
7.5N·m
停车闭锁爪轴
停车闭锁爪
C_2蓄压器活塞
B_0蓄压器活塞
C_0蓄压器活塞
O形圈
弹簧
单向球阀体

变速器外壳
销
弹簧
二挡滑行制动器活塞
O形圈
二挡滑行制动器盖
卡簧
弹簧
弹簧
B_2蓄压器活塞
O形圈
油管
阀体总成
垫
垫
滤网
磁铁
油盘
7.5N·m
垫
放油螺栓

图 14-6 A340E 型自动变速器阀体部分

⑦ 加油，检查油面。

六、实训考核

1. 实训报告

① 自动变速器分解。

② 自动变速器检查和调整。

2. 实训考核与评分

实训考核与成绩评定参考表 14-1。

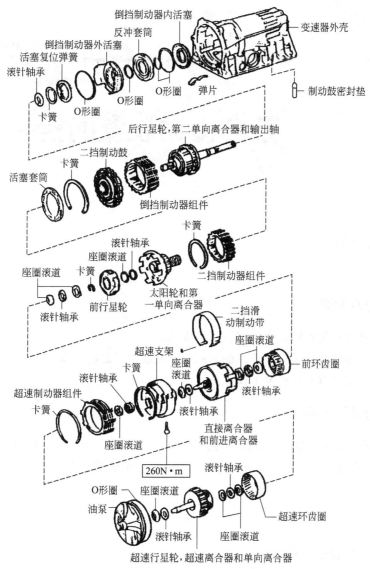

图 14-7　A340E 型自动变速器变速齿轮机构

表 14-1　车辆自动变速器拆装考核与成绩评定（参考）

序号	考核内容	配分	评分标准
1	正确使用工具、仪器	10	每使用不当一次扣 5 分
2	自动变速器的拆卸	20	拆装顺序错扣 10 分,零件摆放乱酌情扣分
3	自动变速器的分解	20	方法错误,扣 10 分
4	自动变速器安装与调整	20	方法错误,扣 10 分
5	自动变速器检查	20	方法错误,扣 5 分
6	整理工具、清理现场	10	每项扣 2 分,扣完为止
	分数总计	100	

注：要求安全用电、防火，无人身、设备事故。若如不按规定执行，此次实训按 0 分计。

实训项目十五
万向传动装置的拆装与调整

一、实训参考课时

2 课时。

二、实训目的及要求

① 掌握万向传动装置的拆装步骤及技术要求。

② 熟悉万向传动装置主要零部件的名称、作用及相互装配关系。

③ 熟悉各种万向节的结构及工作原理。

三、实训设备及工量具

轿车（普通桑塔纳、捷达、富康和进口轿车）和货车（CA1092、EQ1090E）传动轴总成数部，各种万向节若干个，确保每部 4～6 人；常用车辆维修工具若干套；专用夹具、工作台若干套。

四、实训内容

① 万向传动装置的组成认识。

② 万向传动装置的拆装与调整。

五、实训操作及步骤

（一）解放 CA1092 型车辆传动轴的拆装、检查与调整（结构参见图 15-1）

（1）拆卸传动轴。

① 传动轴拆卸前，应先将车辆前后车轮楔住。

② 先拆下传动轴万向节与后桥主减速器的凸缘相连接的 4 个螺栓，并使其分离；再拆下传动轴前端凸缘叉与中间传动轴凸缘相连接的 4 个螺栓，用手托住滑动叉，用手锤轻轻向后敲打滑动叉，即可拆下传动轴。

③ 拆掉中间传动轴与变速器输出轴凸缘的连接螺母，再拆下中间传动轴支架与车架中横梁连接的两根螺栓，将中间传动轴连同中间支承一起拆下。

（2）传动轴的解体与检查。

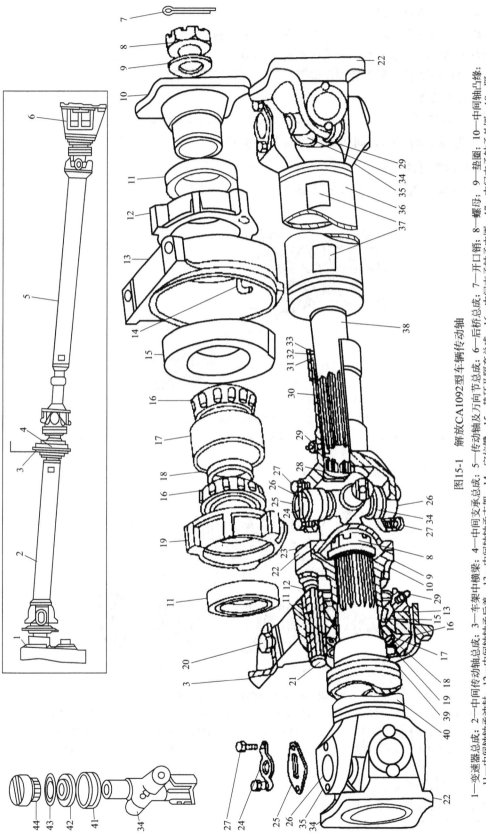

图15-1 解放CA1092型车辆传动轴

1—变速器总成；2—中间传动轴总成；3—车架中横梁；4—中间支承总成；5—传动轴及万向节总成；6—后桥总成；7—开口销；8—螺母；9—垫圈；10—中间轴凸缘；11—中间轴轴承油封；12—中间轴轴承后盖；13—中间轴轴承支架；14—定位键；15—垫环及隔套总成；16—中间支承轴闷圈；17—中间支承轴承总成；18—隔圈；19—前盖；20—支架螺栓；21—轴承盖螺栓；22—凸缘叉；23—万向节凸缘叉；24—锁片；25—支承片；26—滚针轴承总成；27—支承片螺栓；28—滑动叉；29—滑滑油加油嘴；30—滑动叉；31—滑动叉油封填密圈；32—滑动叉油封开口热圈；33—油封装置；34—万向节十字轴；35—焊接叉；36—轴管；37—平衡片；38—传动轴；39—中间轴花键轴；40—中间轴轴管；41—滚针轴承盖；42—橡胶油封；43—垫圈；44—滚针轴承

① 清洗后做好装配标记。

② 拆卸万向节及十字轴总成，检查十字轴及滚针轴承。

③ 检查传动轴花键轴与滑动叉花键的配合间隙。

④ 检查传动轴轴管的最大径向跳动量。

⑤ 中间支承检查。

(3) 传动轴的装配与调整。

(二) 上海桑塔纳车辆万向传动装置拆装与调整

1. 万向传动装置的拆卸

(1) 万向传动装置的拆卸　参见图 15-2。

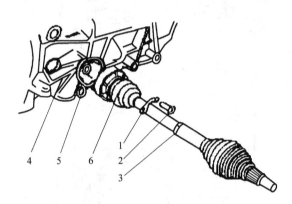

图 15-2　桑塔纳轿车万向传动装置的拆卸

1—锁片；2—螺栓；3—万向节轴；4—主减速器；5—驱动凸缘盘；6—内等速万向节

(2) 万向传动装置的分解　参见图 15-3。

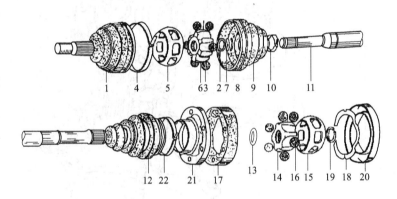

图 15-3　桑塔纳轿车万向传动装置分解图

1—外等速万向节壳体；2,19—卡环；3,16—钢球；4,10,22—卡箍；5—外等速万向节保持架；6—外等速万向节壳球毂；7—止推垫圈；8,13—蝶形弹簧；9,12—防尘罩；11—万向节轴；14—内等速万向节壳球毂；15—内等速万向节保持架；17—内等速万向节壳体；18—密封垫圈；20—塑料罩；21—内等速万向节护盖

① 外万向节的拆卸。

② 内万向节的拆卸（参见图 15-4）。

③ 外万向节的分解（参见图 15-5）。

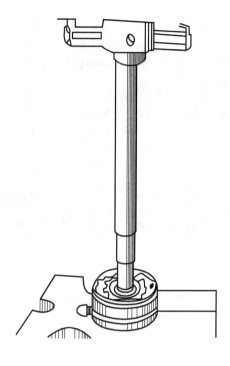

图 15-4　内万向节的拆卸

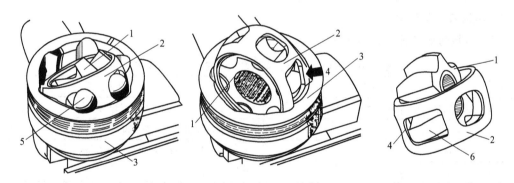

图 15-5　外万向节的分解

1—球毂；2—球笼；3—壳体；4—保持架的长方形孔；5—钢球；6—球毂的扇形片

④ 内万向节的分解（参见图 15-6）。

2. 万向传动装置的安装

① 安装外等角速万向节。

② 安装内等角速万向节。

③ 内、外万向节与传动轴的组装。

④ 安装传动轴总成。

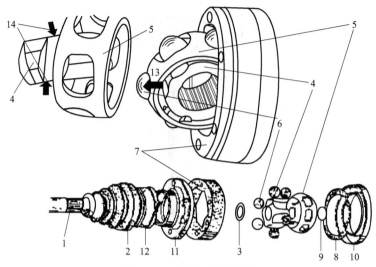

图 15-6　内万向节的分解

1—万向节轴；2—防尘罩；3—蝶形弹簧；4—球毂；5—球笼；6—钢球；7—壳体；8—密封垫圈；
9—挡圈；10—塑料罩；11—防护盖；12—卡箍；13—钢球的压出方向；
14—球毂钢球的运行轨道

六、实训考核

1. 实训报告

① 车辆万向传动装置结构原理如何？

② 拆装万向传动轴时应注意些什么？

2. 实训考核与评分

实训考核与成绩评定参考表 15-1。

表 15-1　万向传动装置实训考核与成绩评定（参考）

序号	考核内容	配分	评分标准
1	认真观察学习、实训纪律	20	学习不认真扣 10～20 分
2	正确使用工具	20	使用不当每要点扣 10 分
3	传动轴的拆装	60	拆装不正确，每要点扣 10 分
	分数总计	100	

注：要求操作现场整洁，安全用电、防火，无人身、设备事故。若因操作不当发生重大事故，此次实训按 0 分计。

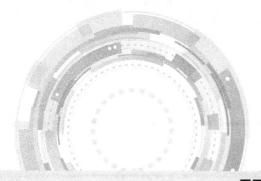

实训项目十六

驱动桥的拆装与调整

一、实训参考课时

2课时。

二、实训目的及要求

① 掌握主减速器和差速器的拆装步骤及技术要求。
② 熟悉驱动桥主要零部件的名称、作用及相互装配关系。
③ 掌握主减速器的调整项目与调整方法。
④ 熟悉主减速器和差速器的工作原理。

三、实训设备及工量具

轿车（普通桑塔纳、捷达、富康或进口轿车）和东风 EQ1090 型单级主减速器或 CA1092 双级主减速器数台，确保每台 4~6 人；常用车辆维修工具若干套；专用轴承拉拔器、吊车、工作台、翻转拆装台若干套。

四、实训内容

① 驱动桥的结构认识。
② 驱动桥拆装。
③ 驱动桥检查、调整。

五、实训操作及步骤

（一）解放 CA1092 型车辆驱动桥拆装与调整

1. 驱动桥的拆卸与分解

（1）半轴的拆卸。

（2）主减速器总成的拆卸。

① 主减速器总成的解体参见图 16-1。

② 差速器总成的解体参见图 16-1。

2. 驱动桥的装配与调整

（1）主动锥齿轮及轴承座的装配与调整。

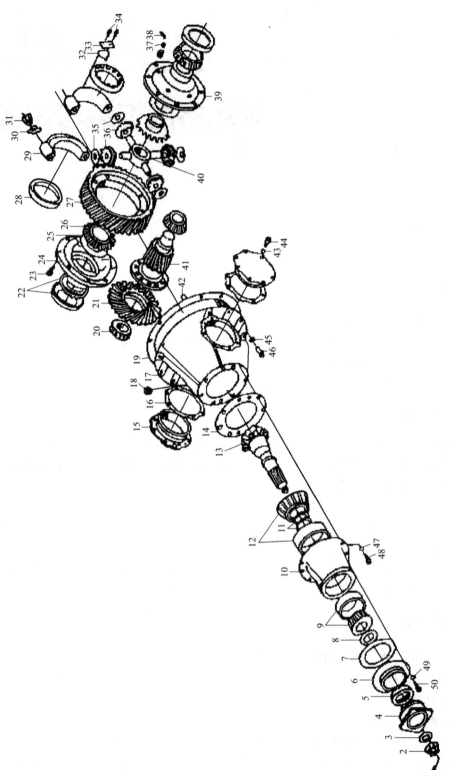

图16-1 解放CA1092型车辆主减速器与差速器的分解

1, 38—开口销; 2—主动锥齿轮凸缘螺母; 3—垫圈; 4—主动锥齿轮凸缘; 5—油封; 6—油封座; 7, 19—密封圈; 8—主动锥齿轮凸缘止推垫圈; 9—主动锥齿轮前轴承; 10—主动锥齿轮轴承座; 11, 14, 16—调整垫片; 12—主动锥齿轮后轴承; 13—主动锥齿轮; 15—从动锥齿轮轴承盖; 17—主减速器壳; 18—加油孔螺栓; 20—主动圆柱齿轮轴承; 21—从动圆柱齿轮轴承座; 22—轴承; 23, 34, 44, 46, 48, 50—螺栓; 24—差速器右壳; 25—半轴齿轮支承垫; 26—半轴齿轮; 27—从动圆柱齿轮; 28—主动圆柱齿轮; 29—差速器调整螺母; 30, 33—锁片; 31, 37—螺母; 32—止动片; 35—行星齿轮支承垫; 36—行星齿轮; 39—差速器左壳; 40—十字轴; 41—主动圆柱齿轮; 42—螺柱; 43, 45, 47, 49—弹簧垫圈

（2）减速器总成的装配与调整。

① 锥齿轮轴承预紧度调整参见图 16-2，图 16-3。

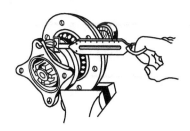 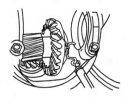

图 16-2　测量主动锥齿轮轴承预紧度　　　　图 16-3　测量从动锥齿轮轴承预紧度

a. 输入轴轴承预紧度调整：通过增减调整垫片 11 来实现，若预紧度过大，增加垫片；若预紧度过小，减少垫片。

b. 中间轴轴承预紧度调整：通过增减调整垫片 16 来实现，若预紧度过小，减少中间轴两端调整垫片 16 的总片数；反之，增加垫片数目。

c. 差速器轴承预紧度调整：通过主转动调整螺母 28 来实现，若预紧度过小，调整螺母往里旋转；反之，往外旋转。

② 锥齿轮啮合印痕的调整（参见图 16-4）。通过增减调整垫片 14 以移动主动锥齿轮 13 来实现。若啮合印痕偏向齿顶，减少调整垫片 14 使主动锥齿轮 13 靠近从动锥齿轮 21；若啮合印痕偏向齿根，增加调整垫片 14 使主动锥齿轮 13 远离从动锥齿轮 21。

 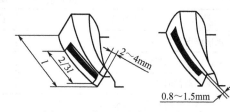

图 16-4　从动锥齿轮啮合印痕　　　　图 16-5　检查锥齿轮的齿合间隙

③ 锥齿轮啮合间隙的调整（参见图 16-5）。通过增减中间轴两端的调整垫片 16 以移动从动锥齿轮 21 来实现。若啮合间隙过大，移动从动锥齿轮 21，使其靠近主动锥齿轮 13；若啮合间隙过小，移动从动锥齿轮 21，使其远离主动锥齿轮 13。

④ 圆柱齿轮副啮合宽度的调整（参见图 16-1）。通过转动两端的差速器轴承调整螺母 28 以移动圆柱齿轮 27 来实现。

调整注意事项：调整时，必须按照轴承预紧度—锥齿轮啮合印痕—锥齿轮啮合间隙—圆柱齿轮副啮合宽度的先后次序进行。在进行锥齿轮啮合间隙调整时，两端垫片的总数不能改变；在进行圆柱齿轮副啮合宽度调整时，两端调整螺母的距离不能改变。

（3）差速器总成的装配与调整。

（二）上海桑塔纳轿车驱动桥的拆装与调整

（1）差速器的解体。

（2）主减速器和差速器的检修。

① 行星齿轮的安装。

② 从动锥齿轮的安装。

③ 差速器轴承和车速表主动齿轮的安装。

④ 轴承外圈的压入。

⑤ 差速器总成的安装。

（3）主减速器和差速器的调整。

① 主动齿轮和从动齿轮标志。

② 调整项目如下。

a. 将差速器总成装入主减速器壳。

b. 将轴承外圈套在差速器轴承上。

c. 将调整螺母装在主减速器螺纹部分。

d. 将左右轴承盖仔细装上，注意对好螺纹。

e. 慢慢拉动两端的调节螺母，调整轴承预紧力。

六、实训考核

1. 实训报告

① 桑塔纳轿车驱动桥的分解。

② 桑塔纳轿车驱动桥的调整。

2. 实训考核与评分

实训考核与成绩评定参考表 16-1。

表 16-1　车辆驱动桥实训考核与成绩评定（参考）

序号	考核内容	配分	评分标准
1	正确使用工具、仪器	10	每使用不当一次扣 5 分
2	手动驱动桥的拆卸	20	拆装顺序错扣 10 分，零件摆放乱酌情扣分
3	手动驱动桥的分解	20	方法错误，扣 10 分
4	手动驱动桥的安装与调整	40	方法错误，扣 10 分
5	整理工具、清理现场	10	每项扣 2 分，扣完为止
	分数总计	100	

注：要求安全用电、防火，无人身、设备事故。若如不按规定执行，此次实训按 0 分计。

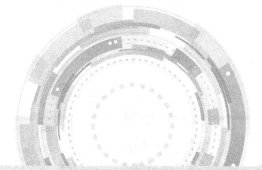

实训项目十七

悬架系统主要零部件的拆装与检修

一、实训参考课时

2 课时。

二、实训目的及要求

① 了解非独立悬架和独立悬架的基本结构。
② 掌握常见轿车前后悬架的拆装方法。
③ 了解电控悬架的基本结构和工作原理。
④ 了解常见轿车电子控制悬架的检修方法。

三、实训设备及工量具

前后悬架各两套或轿车（普通桑塔纳、捷达、富康或进口轿车）2～3 辆，确保每套或每辆 4～6 人；弹性元件和减振器若干套；电控悬架试验台架一台；拆装工作台若干张；举升器，常用、专用工具若干套。

四、实训内容

① 车辆悬架系统的拆装。
② 电控悬架系统认识、检测与调整。

五、实训操作及步骤

1. 前悬架的拆卸

（1）车轮与转向节的拆卸。
① 松开轮胎螺栓。
② 拆下车轮。
③ 拆卸前制动器。
④ 拆下转向节（参见图 17-1）。
（2）转向节的分解。
（3）前减振器的拆卸与分解（参见图 17-2）。
用弹簧压缩工具 9 先将螺旋弹簧 2 压缩，用内六角工具 12 固定住前减振器的活塞杆，使用工具 10 从车身上方松下减振器的上安装螺母 8，取下安装座 11。然后从车身下方取出前减振器 1。最后从前减振器 1 上依次取下悬架轴承 7、橡胶与弹簧挡盘 5、橡胶挡块 6、防护套 4 和螺旋弹簧 2。

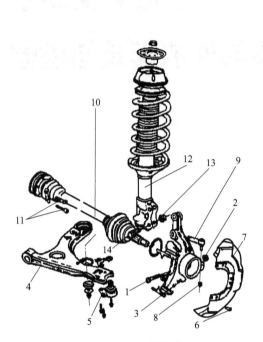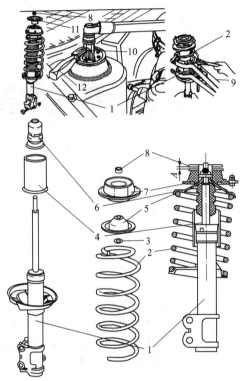

图 17-1　拆卸转向节

1,6,11,14—螺栓；2,8,13—螺母；3—转向节；4—梯形臂；5—下球铰；7—挡泥板；9—转向横拉杆；10—万向节轴；12—前减振器

图 17-2　前减振器的拆卸与分解

1—前减振器；2—弹簧；3—垫圈；4—防护套；5—橡胶与弹簧挡盘；6—橡胶挡块；7—悬架轴承；8—有槽螺母；9—弹簧压缩工具；10—工具；11—安装座；12—内六角工具

（4）梯形臂的拆卸与分解（参见图 17-3）。

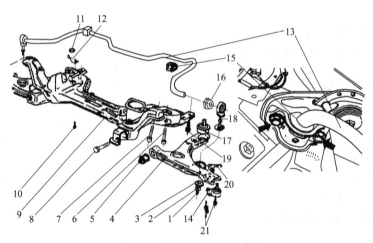

图 17-3　梯形臂的拆卸与分解

1,11—螺母；2—垫圈；3—连接螺杆轴套；4—梯形臂；5—梯形臂前实套；6~8,10,19,21—螺栓；9—副车架；12—钢夹；13—横向稳定杆；14—下球铰；15—横向稳定杆支座；16—橡胶衬套；17—梯形臂后衬套；18—横向稳定杆连接螺杆；20—锁板

（5）万向节轴的拆卸与分解。

2. 前悬架的安装

安装按与拆卸相反的顺序进行。

3. 后悬架的拆卸

① 车轮的拆卸。

② 后减振器用后桥体的拆卸。

4. 后悬架的安装

① 后桥体的组装与安装。

② 后减振器的组装与安装。

5. 电控悬架的认识与检修

（1）各主要部件的结构及工作过程的认识（参见图17-4） 对照实车或实验台架，认识电控悬架的主要元件。模拟各种工况，认识电控悬架的工作过程。

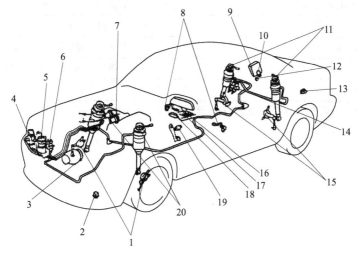

图 17-4 LS400 电控悬架系统布置图

1—前高度控制传感器；2—1号高度控制继电器；3—IC 调节器；4—干燥器和排气阀；5—高度控制
压缩机；6—1号高度控制阀；7—主节气门位置传感器；8—门控灯开关；9—电控悬架 ECU；
10—2号高度控制执行器；11—后悬架控制执行器；12—高度控制连接器；13—高度控制
ON/OFF 开关；14—2号高度控制阀和溢流阀；15—后高度控制传感器；16—LRC 开关；
17—高度控制开关；18—转向传感器；19—停车灯开关；20—前悬架控制执行器

（2）常见项目的检查与调整

① 车身高度自动调节功能的检查与调整。

② 弹簧刚度和阻尼系数调节功能的检查。

③ 供气系统的漏气检查：将高度控制开关转换到"高（HIGH）"位置使车辆高度升高，将发动机熄火，在供气管路和软管接头处，用肥皂水涂抹检查是否有漏气，如有漏气，须更换漏气部位的管路、接头和密封垫圈。

（3）系统自诊断

① 悬架指示灯检查。

② 故障码的读取。

③ 故障码的清除。

六、实训考核

1. 实训报告

① 简述车辆车身与地面之间力、力矩的传递。

② 车辆前、后悬架系统拆装的一般顺序。

③ 简述车身高度传感器、空气悬架的结构和工作原理。

④ 叙述电控悬架常见项目的检查和调整。

2. 实训考核及评分

实训考核与成绩评定参考表 17-1。

表 17-1　轮胎拆装实训考核与成绩评定（参考）

序号	考核内容	配分	考核标准
1	悬架系统的拆装	30	拆装顺序、方法不对酌情扣分
2	电控悬架的检测与调整	30	检测、调整方法不当酌情扣分
3	工作原理、检测方法等现场问题	20	每一问题 5 分
4	正确使用工具设备	10	使用不当每次扣 2.5 分,扣完为止
5	实训纪律	10	不遵守劳动纪律每次扣 10 分
	分数总计	100	

注：要求安全生产。若因违规操作引起安全事故，此次实训总分计 0 分。

实训项目十八
转向系的拆装与调整

一、实训参考课时

2 课时。

二、实训目的及要求

① 掌握循环球式转向器、蜗杆曲柄指销式转向器和齿轮齿条式转向器的正确拆装顺序及调整方法。

② 掌握循环球式转向器、蜗杆曲柄指销式转向器和齿轮齿条式转向器的结构及工作情况。

③ 熟悉动力转向器和转向油泵的正确拆装顺序及调整方法。

④ 熟悉动力转向器和转向油泵基本结构和工作原理。

⑤ 了解转向系主要零部件的检修和常见故障的排除方法。

三、实训设备及工量具

捷达、桑塔纳或富康轿车两辆或完整转向系两套；循环球式转向器、蜗杆曲柄指销式转向器和齿轮齿条式转向器各若干套，每套 3～5 人；动力转向器和转向油泵若干套，每套 3～5 人；拆装工作台若干张；常用、专用工具若干套。

四、实训内容

① 认识车辆转向系的分类、组成及结构原理。

② 机械转向器的拆装及其调整。

③ 动力转向器的拆装及调整。

④ 车辆转向系操纵及传动机构的调整。

五、实训操作及步骤

1. 循环球式转向器的拆装

循环球式转向器的拆装参见图 18-1。

2. 蜗杆曲柄指销式转向器的拆装

蜗杆曲柄指销式转向器的拆装参见图 18-2。

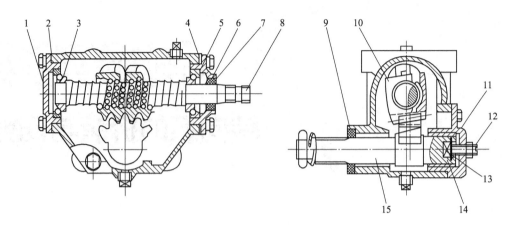

图 18-1　循环球式转向器拆装

1—下盖；2—调整垫片；3,5—螺杆轴承；4—上盖调整垫片；6—上盖；7—螺杆油封；8—转向螺杆；

9—摇臂轴油封；10—转向螺母；11—侧盖；12—调整螺钉；13—孔用弹簧挡圈；

14—止推垫片；15—摇臂轴

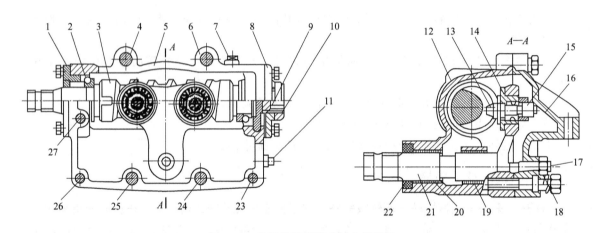

图 18-2　蜗杆曲柄指销式转向器拆装

1—上盖；2,14—轴承；3—转向螺杆；4,6—六方头长螺栓；5,12—壳体；7—加油孔螺栓；8—下盖；

9,17—调整螺钉；10,18—锁止螺母；11—放油螺塞；13—指销；15—固定螺母；16—侧盖；

19,20—摇臂轴衬套；21—摇臂轴；22—油封；23,26,27—流方头短螺栓；24,25—双头螺栓

3. 齿轮齿条式转向器的拆装

齿轮齿条式转向器的拆装参见图 18-3。

4. 动力转向器的拆装

动力转向器的拆装参见图 18-4、图 18-5。

5. 转向油泵的拆装

6. 转向柱与转向管柱的检修

① 检查转向柱与转向管柱的变形与损坏情况。

② 转向传动轴万向节的检查。

③ 转向柱支承环的检查。

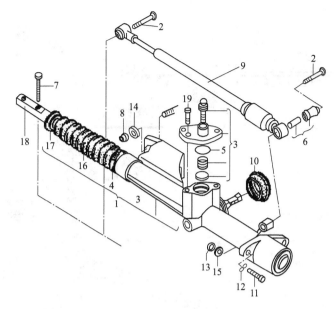

图 18-3　齿轮齿条式转向器拆装

1—转向器；2,7,11,19—螺栓；3—齿条间隙补偿机构；4—夹箍；5—O 形圈；6—衬套；
8,13—螺母；9—转向减振器；10—密封罩；12—弹簧垫片；14,15—垫圈；
16—防尘套；17—固定环；18—齿条

7. 转向器的检查

（1）机械转向器的检查　①检查转向小齿轮与齿条有无磨损与损坏。②检查转向器壳体上是否有裂纹。③检查转向器上的零件，零件不允许焊接或矫正，只能更换。④检查轴承及衬套的磨损与损坏，以及油封、防尘套的磨损与老化情况，并及时更换。

（2）转向减振器的检查

① 检查转向减振器是否漏油。

② 检查转向减振器的行程。

③ 检查转向减振器的阻尼力，最大阻尼载荷为 560N，最小阻尼载荷为 180N（在试验台上进行）。

④ 检查转向减振器的支承是否开裂。

⑤ 检查转向减振器端部的橡胶衬套是否损坏老化。

（3）动力转向器的检查　①检查所有漏油处，更换全部 O 形圈及密封垫。②液压分配阀若有问题必须整体更换或更换分配阀上的密封环。③检查小齿轮、齿条是否损坏。④检查轴承、油封是否损坏。⑤检查防尘罩是否损坏与老化。⑥检查转向器外壳是否有裂纹和漏油处。

8. 转向油泵的检查

检查转向油泵是否运转自如。检查流量控制阀，保证其能在泵壳、泵体孔滑动自如，若卡住，检查控制阀的泵壳、泵体孔是否存在杂质、刮痕和毛刺。毛刺可用细砂布去掉，若阀或泵壳、泵体有损坏而不能修复，则对损坏件进行更换。动力转向泵所有金属元件的清洗只能使用酒精。

9. 转向横拉杆的检查

① 检查横拉杆是否有弯曲。

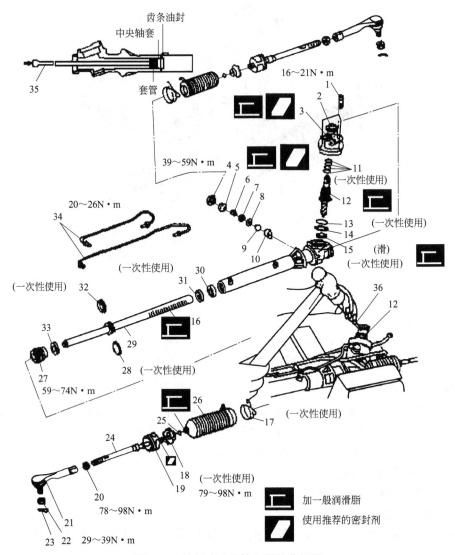

图 18-4 转阀式动力转向器的分解图

1,22—螺母；2—上盖；3—上盖组件；4,20—锁母；5—调整螺钉；6—弹簧；7,8—垫圈；9—弹簧座；10—顶块；
11—密封环；12—转阀与小齿轮组件；13,28—O形圈；14—垫圈；15—油封；16—转向器壳；17—卡箍；18—锁片；
19—转向横拉杆内螺母；21—转向横拉杆球头销；23—开口销；24—转向横拉杆；25—夹箍；26—防尘套；27—端盖；
29—齿条组件；30—中央轴套；31,33—齿条油封；32—齿条密封圈；34—油管；35—加长杆工具；36—冲头

② 转向横拉杆球头的检查。

③ 连接支架的检查。

六、实训考核

1. 实训报告

① 写出你所拆装的机械转向系统的拆装过程、调整项目和注意事项。

② 简述循环球式转向器、齿轮齿条式转向器、蜗杆曲柄指销式转向器的拆装和调整方法。

③ 写出你所拆装的动力转向系统的拆装过程、调整项目和注意事项。

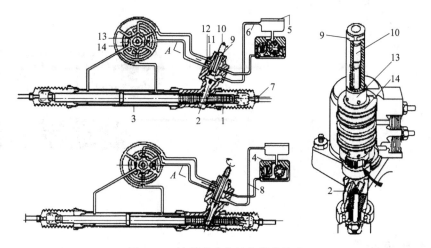

图 18-5　转阀式动力转向器的构造

1—齿条；2—小齿轮；3—工作油缸；4—储油罐；5—叶片泵；6—回油管；7—限流限压阀；8—高压管；
9—转向柱；10—扭力杆；11—径向切槽；12—油管；13—阀芯；14—阀套

2. 实训考核与评分

实训考核与成绩评定参考表 18-1。

表 18-1　车辆转向系统实训考核与成绩评定（参考）

序号	考核内容	配分	评分标准
1	认真拆装,遵守纪律	10	学习不认真扣 10~20 分
2	正确使用工具	20	使用不当每要点扣 10 分
3	机械转向系统的拆装	20	拆装步骤与方法错误,每次扣 5 分
4	转向器的拆装	25	拆装步骤与方法错误,每次扣 5 分
5	动力转向系统	25	拆装步骤与方法错误,每次扣 5 分
	分数总计	100	

注：要求操作现场整洁，安全用电、防火，无人身、设备事故。若因操作不当发生重大事故，此次实训按 0 分计。

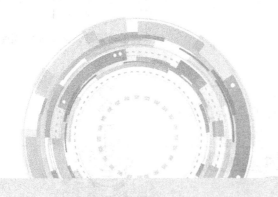

实训项目十九

制动系的拆装

一、实训参考课时

2 课时。

二、实训目的及要求

① 掌握气压制动系统和液压制动系统的组成。

② 掌握制动系统的正确拆装顺序和调整内容。

③ 掌握盘式制动器与各种鼓式制动器的构造及其拆装方法。

④ 掌握各种制动器间隙的调整装置的结构与工作原理。

⑤ 熟悉液压式和气压式制动传动装置主要部件的结构和原理。

三、实训设备及工量具

桑塔纳、捷达或富康轿车整车 2～4 辆；液压式制动传动装置主要零部件四套；气压式制动传动装置主要零部件四套；常用、专用工具若干套；工作台架若干。

四、实训内容

① 盘式、鼓式制动器的拆装与调整。

② 驻车制动装置的拆装与调整。

③ 制动总泵的拆装及要求。

④ 制动传动装置的拆装与调整。

五、实训操作及步骤

（一）液压制动系的拆卸与安装（以捷达轿车为例）

1. 捷达轿车制动系统的拆卸

（1）制动系统管路的拆卸。

（2）制动主缸（总泵）和真空助力器的拆卸与分解　参见图 19-1～图 19-3。

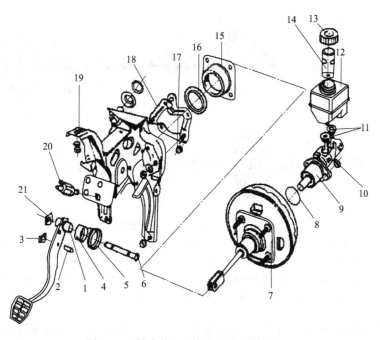

图 19-1　制动主缸和真空助力器的拆卸

1—制动踏板；2—销钉；3—弹簧卡子；4—支承座；5—复位弹簧；6—制动踏板轴；7—真空助力器；

8—密封环；9—制动主缸；10,13,17—螺母；11—密封堵头；12—储液罐；14—滤网；15—凸缘；

16—密封环；18—支架；19—脚制动踏板；20—制动灯开关；21—挡圈

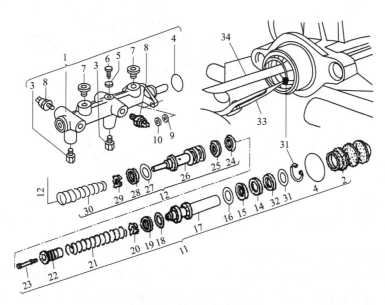

图 19-2　制动主缸的分解

1—制动主缸；2—防尘套；3—油管接头座；4—密封环；5—垫圈；6—限位螺钉；7—密封堵头；

8—放气螺栓；9—弹簧垫圈；10—螺母；11—第一活塞组件；12—第二活塞组件；13—导向套；

14,15,19,24,25,28,32—密封圈；16,18,27—止推垫圈；17—第一活塞；20—弹簧下座；

21,30—弹簧；22—弹簧上座；23—螺栓；26—第二活塞；

29—弹簧座；31—挡圈；33,34—工具

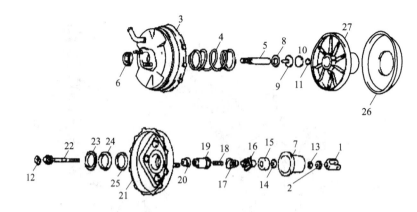

图 19-3　真空助力器的分解

1—推杆叉；2—锁母；3—真空助力器前壳；4—弹簧；5—总泵推杆；6—气封；7—防尘罩；8,23—齿环；
9—反作用环；10—反作用橡胶块；11—反作用板；12,13-挡圈；14—垫圈；15—空气滤芯；16—弹簧座；
17—空气阀弹簧；18—真空控制阀弹簧；19—阀座；20—真空控制阀；21—真空助力器后壳；
22—带空气阀的踏板推杆；24—衬垫；25—气封；26—膜片；27—膜片座

（3）前制动钳的拆卸与分解　参见图 19-4。首先取下上、下导销螺栓 1 和 2，从下向上摆动取下制动钳 7，取下外侧制动衬片 9 和内侧制动衬片 8；再从制动钳 7 上取下上内衬垫 3、上橡胶套 11、上外衬套 12。然后取下下内衬垫 4、下橡胶套 5 和下外衬套 6。

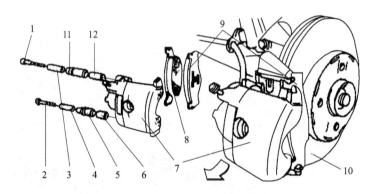

图 19-4　前制动钳的拆卸与分解

1—上导向销螺栓；2—下导向销螺栓；3—上内衬垫；4—下内衬垫；5—下橡胶套；6—下外衬套；
7—制动钳；8—内侧制动衬片；9—外侧制动衬片；10—制动盘；11—上橡胶套；12—上外衬套

（4）后鼓式制动器的拆卸与分解。

① 后鼓式制动器的拆卸（参见图 19-5）。先拆下后车轮，撬下润滑脂盖 1，取下开口销 2 和锁止环 3，旋下螺母 5，取下止推垫圈 4 和外圆锥滚子轴承内圈 6。用螺丝刀 8 插入制动鼓 7 上的小孔，向上压楔形调节板 9 使制动蹄 10 外径缩小后，再取下制动鼓 7。然后旋下螺栓 13，从后桥体上取下制动底板总成 14 和短轴 11。

② 后鼓式制动器的分解参见图 19-6。先从驻车制动器拉杆 3 上摘下驻车制动钢索，压下弹簧座 1，并转动 90°后，取下销钉 6、弹簧座 1 和弹簧 2，再从制动底板 7 上取下制动蹄片总成并夹在虎钳 11 上，从其上拆下下复位弹簧 4、楔形调整板 12 的拉簧 9 和上复位弹簧

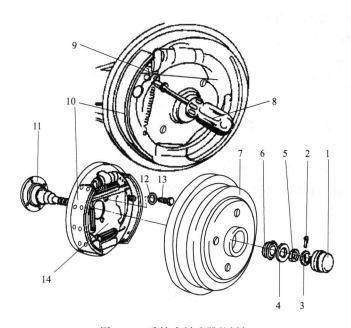

图 19-5　后鼓式制动器的拆卸

1—润滑脂盖；2—开口销；3—锁止环；4—止推垫圈；5—螺母；6—外圆锥滚子轴承内圈；

7—制动鼓；8—螺丝刀；9—楔形调节板；10—制动蹄；11—短轴；

12—蝶形垫圈；13—螺栓；14—制动底版总成

13、然后将后制动蹄 17 与前制动蹄 8 分开。并从推杆 16 上摘下定位弹簧 14，从前制动蹄 8 上摘下定位弹簧 14、取下推杆 16 和楔形调整板 12。最后旋下螺栓 10，从制动底板 7 上取下后制动分泵 15。

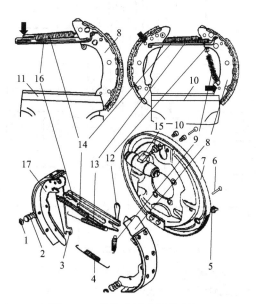

图 19-6　后鼓式制动器的分解

1—弹簧座；2—弹簧；3—驻车制动器拉杆；4—下复位弹簧；5—检查孔盖；6—销钉；7—制动底板；

8—前制动蹄；9—楔形调整板拉簧；10—螺栓；11—虎钳；12—楔形调整板；13—上复位弹簧；

14—定位弹簧；15—后制动分泵；16—推杆；17—后制动蹄

（5）驻车制动操纵杆的拆卸。

2. 捷达轿车制动系统的安装

① 后制动器安装。

② 前制动器的安装。

③ 制动主缸（总泵）与真空助力器的组装与安装。

④ 制动管路的连接与制动系统的放气。

⑤ 制动踏板的调整。

⑥ 感载比例阀与驻车制动器的调整。

（二）气压制动系统的拆卸与安装（以解放 CA1092 型车辆为例）

① 空气压缩机的分解与组装。

② 调压阀的分解与组装。

③ 制动控制阀的分解与组装（参见图 19-7）。

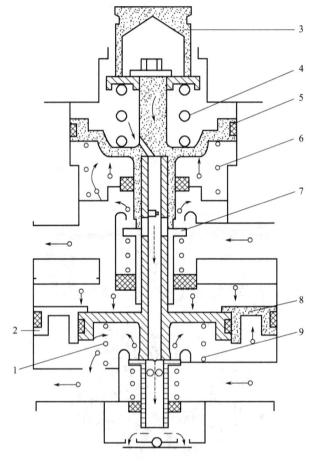

图 19-7 双腔活塞式制动控制阀

1—下腔小活塞复位弹簧；2—下腔大活塞；3—推杆；4—平衡弹簧；5—上腔活塞；
6—上腔活塞复位弹簧；7—上腔阀门；8—下腔小活塞；9—下腔阀门

④ 制动气室的分解与组装。

⑤ 凸轮式制动器的拆装（参见图 19-8～图 19-10）。

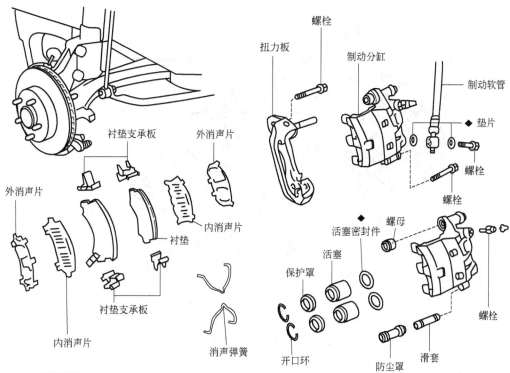

N·m: 标准扭矩

◆ 用过后不能再使用的部件

图 19-8　盘式制动器结构

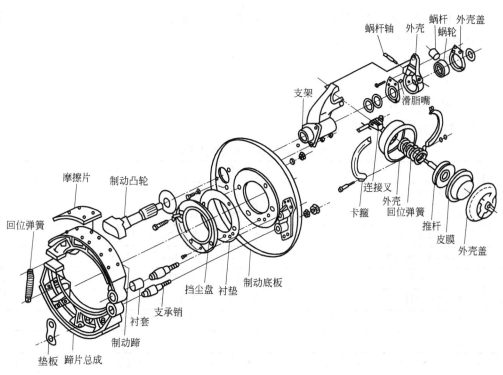

图 19-9　鼓式制动器结构

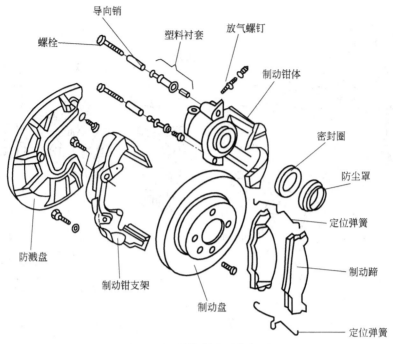

螺栓

导向销

塑料衬套

放气螺钉

制动钳体

密封圈

防尘罩

定位弹簧

制动蹄

防溅盘

制动钳支架

制动盘

定位弹簧

图 19-10 前轮制动器分解图

六、实训考核

1. 实训报告

① 简述制动系统的组成、工作原理。

② 简述鼓式制动器、盘式制动器、驻车制动器的拆装过程，拆装时应注意些什么问题？各有哪些调整部位？并简述其调整过程。

③ 车辆制动系统的操纵机构、传动机构调整项目有哪些？各如何调整？

④ 气动制动系统的调节阀有哪些？

2. 实训考核与评分

实训考核与成绩评定参考表 19-1。

表 19-1 车辆整车结构认识考核与成绩评定（参考）

序号	考核内容	配分	评分标准
1	盘式制动器的拆装	20	拆装错误每次扣 2~5 分
2	鼓式制动器的拆装与调整	20	拆装错误每次扣 2~5 分
3	手动制动器的拆装	10	拆装错误每次扣 2~5 分
4	制动传动机构的拆装与调整	20	拆装错误每次扣 2~5 分
5	气动制动系统的拆装	10	拆装错误每次扣 2~5 分
6	正确使用工具	10	不规范操作每次扣 2 分
7	实训纪律	10	不遵守劳动纪律每次扣 3~5 分
	分数总计	100	

注：要求操作现场整洁，安全用电、防火，无人身、设备事故。若因操作不当发生重大事故，此次实训按 0 分计。

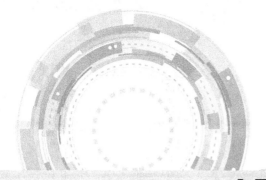

实训项目二十

ABS结构认识与检修

一、实训参考课时

2课时。

二、实训目的及要求

① 掌握 ABS 系统的组成及工作原理。

② 了解各零部件的位置、结构、原理。

③ 熟练掌握故障代码的读取与清除方法。

④ 熟练使用诊断仪器。

三、实训设备及工量具

带有 ABS 制动系统的车辆四辆；ABS 制动系统的零部件四套；诊断仪器四套；拆装工作台若干张；常用、专用工具若干套。

四、实训内容

① ABS 系统的拆装。

② ABS 系统的检修。

五、实训操作及步骤

（一）别克赛欧 ABS 系统的检修

1. 防抱死制动系统控制单元的拆装（参见图 20-1）

① 蓄电池上拆去接地导线。

② 打开制动液储液罐盖，往制动液储液罐里加液至最高。

③ 用市售与罐盖相仿的盖子盖住制动液储液罐。

④ 按箭头方向拉出导线线束插座上的锁定滑轨 1 并断开线束插头。

⑤ 松开液压模块上的制动管并封住开口。

⑥ 松开两个紧固螺母并从支架上拆去液压模块。

2. ABS 系统液压模块拆装

① 拆卸液压模块和防抱死制动系统控制单元。

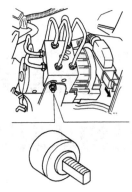

图 20-1 控制单元的拆卸

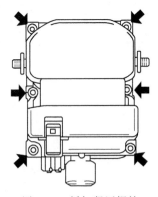

图 20-2 拆卸紧固螺栓

② 用台钳夹紧液压模块泵马达面朝下。

③ 从 ABS 控制模块拆下泵导线线束插头 1，小心地将导线线束从夹头支架上压出。

④ 拆卸紧固螺栓箭头，参见图 20-2。

⑤ 小心地从液压模块上拆卸防抱死制动系统控制单元，确保线圈支架没有损坏，断开位于线圈一侧的防抱死制动系统控制单元。

⑥ 检查衬垫位置是正确，是否干净。用指尖抚摸衬片，检查是否有断裂、表面粗糙凹痕等，如果密封面被损坏，防抱死制动系统控制单元必须予以更换，参见图 20-3。

⑦ 用不起毛的布小心地清理控制单元密封面。如果有厚重的衬片残余物沉积，将擦布在酒精中浸泡后擦拭。

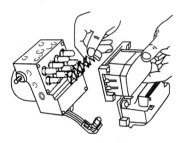

图 20-3 检查衬垫

图 20-4 拆卸车轮转速传感器

3. 车轮转速传感器拆装

(1) 车轮转速传感器的拆卸 参见图 20-4。

① 松开并拆掉蓄电池上的接地线。

② 用起子从支架上拆卸车轮转速传感器导线插座并用起子分开。

③ 松开车轮转速传感器并撬出传感器。

(2) 车轮转速传感器的安装。

4. ABS 系统的检测

(1) 故障码的读取与清除。

(2) 主要部件的检测参见图 20-5。

① 车轮转速传感器的检测。

a. 进行传感器外表的清洁工作。b. 转动车轮，用万用表测量传感器的电阻或电压信号。c. 转动车轮，用示波器测量传感器的电压信号。d. 转动车轮，用 TECH 2 （通用汽车故障

U4	控制单元-ABS	707-748
P17	传感器-轮速，左前	715
P18	传感器-轮速，右前	724
F22	保险丝-10A	754
P19	传感器-轮速，左后	735
P20	传感器-轮速，右后	743

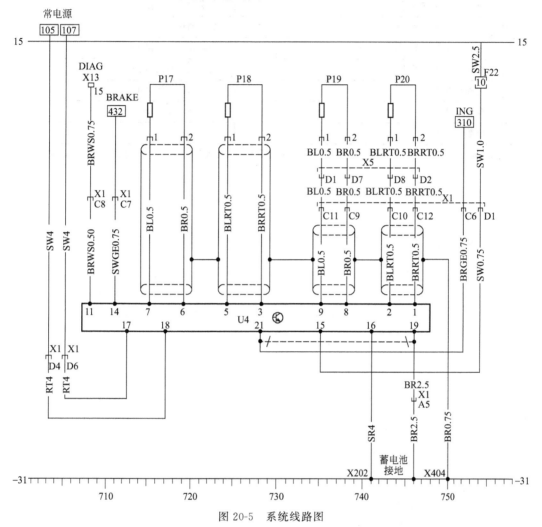

图 20-5　系统线路图

诊断仪）读取传感器的速度信号。

② ABS 系统液压模块的检测。

（二）威驰轿车 ABS 系统的检修

① 主要部件的拆装。

② 主要部件的检测。

六、实训考核

1. 实训报告

① 简述试验车辆的 ABS 系统的组成。

② 如何检测 ABS 车轮转速传感器是否工作良好？

2. 实训考核与评分

实训考核与成绩评定参考表 20-1。

表 20-1 ABS 结构认识与检修考核与成绩评定（参考）

序号	考核内容	配分	评分标准
1	赛欧 ABS 系统的拆装	20	拆装错误每次扣 2～5 分
2	赛欧 ABS 系统的检修	20	拆装错误每次扣 2～5 分
3	威驰 ABS 系统的拆装	20	拆装错误每次扣 2～5 分
4	威驰 ABS 系统的检修	20	拆装错误每次扣 2～5 分
5	正确使用工具	10	不规范操作每次扣 2 分
6	实训纪律	10	不遵守劳动纪律每次扣 3～5 分
	分数总计	100	

注：要求操作现场整洁，安全用电、防火，无人身、设备事故。若因操作不当发生重大事故，此次实训按 0 分计。

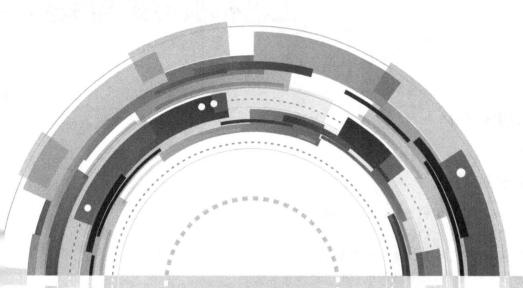

下篇　工程机械维护与故障诊断

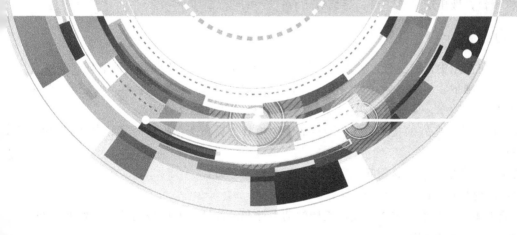

实训项目二十一

工程机械维护与保养

一、实训参考课时

1 课时。

二、实训目的及要求

① 了解工程机械维护与保养基本知识。
② 掌握发动机的维护保养要点。
③ 掌握各种工作装置的维护保养要点。
④ 掌握工程机械液压系统和电器的维护保养要点。

三、实训工程机械及工量具

发动机 2 台；液压挖掘机 1 台；装载机 1 台；专用拆装工具。

四、实训内容

工程机械在使用中，由于受各种因素的影响，其零部件会产生不同程度的磨损，如不及时进行技术保养维护，其动力性、可靠性、经济性将随之下降。在高寒地区，施工机械要保证其完好率和使用效率，保养就显得尤为重要。工程机械维护的目的是：

① 保证机械处于良好的技术状态，减少故障停机日，提高工程机械的完好率和利用率，保证工程进度；

② 减缓机械磨损，增加修理间隔期，延长机械使用寿命；

③ 避免出现机械事故，保证安全生产；

④ 降低机械运行和维修成本，提高机械的动力性和经济性，使机械的动力、燃润油料、零件及各种消耗降到最低限度。

1. 维护保养等级类别

国内外主要工程机械的维护保养等级多分为 3 个等级，个别中小型机械分为 2 个等级。

① 一级保养：指经常性对工程机械需要润滑保养的部位加注润滑油（如钙基润滑脂、齿轮油、机油等），润滑单位、润滑点数、润滑周期、润滑油种类、注油方法按工程机械说明书实施。

② 二级保养：调整、坚固、防腐。

③ 三级保养：把总成拆开清洗，消除故障。

从整体来看，国外工程机械各级保养间隔期比国产机械长，而国产工程机械厂家规定的等级保养间隔期又比部队服役的工程机械的等级保养间隔期长。工程机械的各等级保养间隔期一般为：一级保养为 100h，二级保养为 300～400h，三级保养为 900～1200h。

工程机械的大修间隔期不等，主要有 3600h、4200h 及 4800h 等 3 种情况。这就是说，在工程机械的一个大修间隔期内，一般情况下，三级保养进行 2 次，即中修（中修间隔期为该机大修间隔期的 1/2）前、后各进行一次；二级保养 8 次；一级保养 24 次。

2. 工程机械维护保养

工程机械的维护保养涉及范围广泛，基本日常保养的要求就是"十字"作业法（清洁、润滑、调整、紧固、防腐），"十字"作业法基本涵盖了日常保养需要做到的方面。

（1）发动机的维护保养　发动机是工程机械工作的动力核心和源头，其重要性不言而喻。针对如何做好发动机的维护保养，主要有以下几点：

① 发动机使用前，必须检查并添加好防冻液或做过防锈防垢处理的水，添加符合发动机运转要求的机油，以后添加或更换防冻液或更换机油时也要使用同一等级的油品；

② 发动机出厂或新到机械的发动机，在磨合期的 50h 内时不得大油门满负荷工作，在完成了 50h 的磨合期后，要进行一次全面的发动机检查和保养，这一工作不容忽视；

③ 发动机使用过程中，每个作业班启动机器前应详细检查油水的质和量的情况，确保油水充足、质量可靠；

④ 发动机启动、运转带载、熄火要遵循正确的操作程序，发动机运转过程中，要注意观察发动机工作指示仪表指示是否正常，注意倾听发动机有无异常声响，如有异常情况及时停机检查；

⑤ 做好发动机周期保养，一般工程机械的柴油发动机每运转 250h 左右要更换一次机油和机油过滤器，更换机油过滤器的同时更换柴油过滤器，如果发动机长时间没有运转，也要保证 1 年更换 1 次机油；

⑥ 发动机使用过程中，每班一定进行例行检查，努力做到空气滤芯清洁、无油液渗漏、各紧固螺钉无松动、风扇皮带松紧度合适、进排气通道畅通；

⑦ 特别注意做好发动机涡轮增压器、中冷器的维护工作，注意进气管路的密封，注意清洁散热器外表的尘土；

⑧ 依据发动机运转时间和运转情况，进行气门调整是必要的维护工作（具体技术指标要参阅发动机的操作使用说明书和维修手册）；

⑨ 在日常使用中，注意维护好发动机的燃油系统，做到添加使用优质柴油、定期排放油水分离器内杂质、按照使用时间及时更换柴油滤清器、定期清洗燃油箱，这样将有效降低发动机燃油系统故障概率；

⑩ 如果发动机出现故障时，需要对部分部件解体维修检查，一定依据发动机使用说明书或者维修要求，做到装配顺序正确、装配间隙合适、螺钉紧固力矩正确、技术要求达标。

（2）工作装置的维护保养　工作装置一般直接接触工作对象，所处的温度、材料、受力变化等情况比较复杂，日常检查和保养不注意的话将造成严重的非正常磨损消耗，甚至工程机械报废。工程机械工作装置的保养应做到以下几点：

① 注意检查工作装置安装螺钉紧固情况，同时及时检查刀片、斗齿、履带板、防护板、销套等易磨损部件的磨损程度，需要更换时及时更换；

② 做好各处轴承、连接销套、传动关节、传动链条、铰接销处的润滑工作；

③ 注意检查调整各传动链条、履带、输送带松紧度合适。

（3）液压系统的维护保养　液压系统是工程机械动力传递的重要通道以及各功能动作的控制通道，是工程机械性能的重要标志之一，也是工程机械出现故障后比较难以处理的一个方面。液压系统产生故障的原因除了液压部件本身的正常磨损、质量缺陷等因素外，最主要的原因就是日常维护不当和使用操作不当。液压系统出现故障后，往往需要结合液压部件自身的功能和结构、液压回路内的其他相关液压部件、电气控制元件等方面进行系统的分析，通过测量、分析、判断，才能最终确定故障部位和原因，排除故障。液压系统的维护保养方面主要有以下几点：

① 注意检查液压油油位，定期检查液压油含水、含杂质、受氧化等影响质量的情况，定期清理散热器外表的积尘。

② 任何时候都应做到液压系统油路各部位接头无松动、无泄漏、无外界杂质和污物进入，在保养和维修时更要注意不得有杂质进入和不得污染系统油液，拆卸液压元件时谨防液压封闭面划伤，轻拿轻放，装配时不得敲击，同时注意正确使用和安装液压系统的密封件。

③ 工程机械操作与运转过程中注意观察液压系统压力表、温度表的指示是否正常，启动液压泵或马达时注意倾听运转的声音有无异常，如有异常情况及时停机检查。

④ 按照工程机械使用说明书要求更换液压系统过滤器和液压油，添加相同型号的液压油。

⑤ 不要轻易改变工程机械原来的液压系统管路长度，不要轻易改变检测元件、电气元件的性能，也不要轻易改变这些元件的安装位置。

⑥ 在进行液压系统的检查与维修时注意积极使用便捷的检测仪器、采用科学的诊断方法。

（4）电气系统的电瓶保养　电瓶是施工机械正常工作的重要部件，电瓶维护不好，会使电瓶寿命缩短、容量减小，造成工程机械启动困难或不能启动。由于现在越来越多工程机械的发动机采用了高压共轨技术，因此对电瓶和充电发电机的要求更高。一般电瓶的日常维护做到以下几点即可。

① 保证连接线牢靠、电瓶外表清洁、电瓶盖的通气孔畅通，同时保证电瓶使用过程中无污物或液体进入。

② 保证液面高度合适，液面不足时添加蒸馏水或电瓶补充液到合适高度。

③ 启动发动机时每次启动时间不应超过10s，再次启动间隔时间不少于1min，若连续3次启动不成功，则须检查原因。

④ 注意检查充电发电机的传动皮带松紧程度，注意维护好充电发电机的工作性能。

⑤ 如果机器长期停放不用，应该将电瓶拆下每月充电1次，或者电瓶不拆下而每20天左右启动发动机连续运转5～6h（如果环境最低温度低于5℃时，建议将电瓶拆下在适宜的环境下保养，防止冻裂）。

五、实训考核标准

① 叙述发动机的维护保养要点。

② 叙述工作装置的维护保养要点。

③ 叙述工程机械液压系统和电器的维护保养要点。

工程机械故障诊断方法

一、实训参考课时

1课时。

二、实训目的及要求

掌握工程机械故障的人工直观诊断法。

三、实训工程机械及工量具

发动机2台；液压挖掘机1台；装载机1台；专用拆装工具。

四、实训内容

工程机械故障诊断方法一般可分为两种：一种是人工直观诊断法，另一种是工程机械诊断法。这两种诊断方法都是在不解体或拆下个别小的零件的条件下来确定工程机械技术状况、查明故障的部位及原因的。由于工程机械施工时，其施工现场一般远离维修场所，如在施工现场出现故障，往往不具备诊断条件，这就需要维修人员凭借丰富的经验或简单工具，以听、看、闻、试、摸、问等方法来检查寻找故障。

1. 通过"听"的方法来对工程机械进行诊断

这种方法主要是根据工程机械的响声来对工程机械故障进行分析，同时在听的过程中来辨别工程机械的异响与转速、温度、荷载以及发出响声位置的关系，同时也应注意异响与伴随现象，这种方法判断故障的准确率比较高。例如，发动机活塞敲缸与转速、负荷、温度有关。转速、温度均低时，响声清晰；负荷大时，响声明显；气门敲击声与温度、负荷无关。

针对液压系统，听到"嘶嘶"声或"哗哗"声，说明排油口或泄漏处存在较严重的漏油或进气现象；听到"嗒嗒"声，可能是电磁换向阀的电磁铁吸合不良，电磁铁的可动铁芯与固定铁芯间有油漆片等污物阻隔，或是推杆过长；听到"喳喳"或"咯咯"声，可诊断为泵轴承损坏、泵轴磨损严重或吸气所致；听到"咣当、咣当"声，可判定为某些螺栓松动或某焊接处开焊；听到高而刺耳的啸叫声（通常是吸进空气），可判断为滤油器堵塞，液压泵吸油管松动或油箱油面太低等；听到尖而短的摩擦声，可能是两个接触面产生干摩擦，也可能是该部位拉伤；听到粗而沉的噪声，可诊断为液压泵或液压缸过载；听到低而沉闷的冲击声，可判定为液压缸内有螺钉松动或有异物碰击等。

异响表征着工程机械技术状况的变化，异响声越大，机械技术状况越差。老化工程机械往往发出的异响多而嘈杂，一时不易辨别出故障，这就需要平时多听，以训练听觉，不断熟悉工程机械零部件运动规律、零件材料、所在环境，只有这样才能较准确地判断出故障。

2. 通过"看"的方法来对工程机械进行诊断

这种方法能够更加直观地看出工程机械所发生的异常情况，比如工程机械所出现的漏油以及发动机排气的颜色，同时也能够有效地看出工程机械零件松脱或者是断裂等情况；通过观察工程机械的各种信号和熔断器等的外观征兆，就可确定工程机械的电气系统是否有故障；通过看不同工况下液压系统液压缸、马达等执行元件的运动速度变化情况，就可确定液压系统油液流量是否正常；通过看各工作装置不同工况下的作业力量，就可确定液压系统油液的压力是否正常；通过看油液的清洁度及污染度、油量高度、油的黏度等，就可确定油液的使用程度，决定是否更换；通过查看工程机械连接部位或密封部位的油渍状况，液压缸、泵及马达等元件工作的振动频率，工程机械在不同工况下的运行情况，即可判断各液压元件工作的稳定性以及是否存在故障。

3. 通过"闻"的方法来对工程机械进行诊断

这种方法主要是通过鼻子来对工程机械所出现的气味进行故障的判断。比如工程机械在运行一段时间之后其电线在烧坏的过程中将会出现一种焦糊的臭味，也可通过闻到的一些异味，判断某些部件是否存在气蚀、过热和润滑不良等现象，进而能够对工程机械的故障进行判断。

4. 通过"试"的方法来对工程机械进行诊断

这种方法主要就是试验，并且存在着两个方面的含义：第一是通过试验的方式使工程机械的故障再现，以此来判断其故障；第二是通过置换存在故障的零部件，对工程机械进行试验，以此来检查工程机械的故障是否消除。如果工程机械的故障消除了，说明被置换下来的工程机械零部件存在着故障。但是使用这种方法值得注意的是，对于工程机械一些部位出现比较严重响声的，不可以对其进行故障的再现试验（例如发动机曲轴部分严重异响），以避免工程机械出现更大的机械故障或造成人员的伤亡。

5. 通过"摸"的方法来对设备进行诊断

这种方法主要是通过用手触摸怀疑存在故障的相邻位置，以此来找出故障所在。通过采用手触摸制动鼓的方式，以查看其温度是否过高，如果温度比较高，达到了烫手的地步，那么说明车轮的制动器存在着制动拖滞的故障。通过触摸液压泵、电动机、油箱、制动鼓和阀体等部件，利用人体感受到的温度来判断机械是否存在故障。一般情况下，正常运转的工程机械外在温度不会高于 80℃。触摸时，手指能在设备上停留 10s 左右，感觉较烫手，可判断此时温度大约在 80℃ 以下，设备应属正常运转。如手指瞬间接触，不敢停留，同时感觉有痛感，可判断此时温度在约 80℃ 以上，设备可能有故障。

通过用手对液压油管的震动，结合对液压系统的噪声进行辨别，进而能够判断其系统内是否有气等；通过摸设备各紧固部件、挡铁、各连接部件、微动开关等的松紧度，来判断其是否影响液压系统的正常运行；通过摸变压器、电磁线圈、电动机、熔断器等，看刚切断电源后是否有过热现象；通过摸高压油管，了解柴油机燃料供给系统的脉动情况，进而判别喷油泵或喷油器故障等。

6. 通过"问"的方法来对设备进行诊断

向工程机械的操作者及设备管理者、维修人员询问，了解工程机械的基本情况及日常运行情况，发生故障时的现象及之前的维修保养情况，为判断故障提供重要参考。

首先，询问工程机械电气系统的工作情况，包括故障发生前后电路及电气设备的运行情况，通常故障发生的频率，故障发生时有哪些状况：是否有异响、是否冒烟、是否崩擦火花、是否出现异常振动等内容。

其次，询问工程机械液压系统的工作情况，包括液压系统近期工作状况是否良好；液压油的更换是否正常，油品的质量、标号是否符合要求；液压元件是否按要求进行保养、维修、更换，近期有没有进行过调整，如何调整的；机械使用过程中经常出现哪类故障，通常如何排除；此前最近的一次故障是什么，如何排除的；故障发生时有哪些异常现象等内容。

通过上述的方法来对机械进行诊断，能够更好地了解其故障出现的原因以及位置，进而对机械故障进行有效的预防以及分析，最终保证机械能够安全顺利运行，使其为工程的顺利施工提供良好的基础。

五、实训考核标准

① 针对工程机械，人工直观诊断法有哪些具体方法来检查寻找故障？

② 设置故障，让学生进行故障诊断与排除。

实训项目二十三

推土机故障诊断与排除

一、实训参考课时

2 课时。

二、实训目的及要求

掌握推土机常见故障诊断与排除方法。

三、实训工程机械及工量具

推土机 1 台；专用拆装和检测工具。

四、实训内容

履带式推土机主要由发动机、传动系统、行驶系、转向系统、工作装置和液压系统、电气系统等组成。常见故障及诊断和排除方法见表 23-1～表 23-4。

表 23-1　传动系统常见故障诊断与排除

常见故障	故障诊断分析	排除方法
涡轮输出轴不转： 1. 发动机动力传不出去 2. 推土机不能行走（TY-220）	1. 与发动机连接部位损坏，如花键损坏、齿轮折断等 2. 供油箱油面太低，吸入空气，或工作油中有气泡 3. 液力变矩器缺油，如油泵损坏、调压阀卡死、油管堵塞等	1. 检测发动机的连接状态；听声响是否有异常，重新安装或更换新件 2. 检测油箱油面，补充油量 3. 用油压表检测泵出口压力，安全阀后各点的压力，变矩器进出口压力，调整和疏通压力点
涡轮输出力矩不足： 1. 涡轮轴输出力矩减少 2. 推土无力（TY-220）	1. 油箱充油不足、油面低，导致供油器吸油不足，使油量减少，使输出力矩不足 2. 进油压力过低，并有大量气泡，油变质，同时工作油温过高，安全阀压力低，进入变矩器的入口压力偏低 3. 发动机功率不足或转速下降 4. 内泄漏大，使得进出口压力偏低 5. 轴承损坏，使密封圈磨损过快	1. 检测油位高度，补充油量 2. 检测油压力、油液变质状态及油液温度，更换油液 3. 检测发动机功率，维修发动机 4. 检查有无系统油路泄漏，维修泄漏点 5. 检测有无轴承损坏或密封磨损过甚，更换轴承或密封圈

续表

常见故障	故障诊断分析	排除方法
主离合器打滑： 1. 发动机转速正常，不冒黑烟，工作装置工作正常，但工程机械爬坡吃力 2. 不能行走（TY-120、TY180）	1. 主、从动片过度磨损 2. 调整盘锁销开焊 3. 主离合器操纵杆调整不到位 4. 摩擦片上沿有油污 5. 从动盘翘曲	1. 更换新片 2. 拆下调整盘，焊牢锁销 3. 调整拉杆叉的长度至合适位置 4. 拆下摩擦片，彻底清除油污 5. 轻微则校正，严重则更换
主离合器分离不彻底现象： 1. 操纵杆拉力过大，操纵费力，离合器有自动分离现象 2. 变速时打齿，有撞击声 3. 严重时挂不上挡(TY120、TY180)	1. 主离合器松紧度调整不当 2. 压盘或从动盘翘曲变形 3. 离合器前轴承损坏 4. 各压紧弹簧力不够 5. 摩擦衬片过厚，铆钉松动，摩擦衬片破碎 6. 液压操纵机构有故障 7. 在安装胶布时各垫片厚度不均匀，使中盘工作时偏摆	1. 重新调整离合器踏板自由行程，检测分离杠杆内端面，回位弹簧是否过软或折断 2. 应更换衬片 3. 更换新轴承 4. 更换新弹簧 5. 重新更换衬片 6. 检查液压系统泄漏，更换液压件或排除空气 7. 检测5个胶布节垫片厚度，调整垫片厚度一致为止
主离合器有异常响声： 1. 有异响 2. 有异味出现(TY-120)	1. 主动盘轴承、分离轴承缺油，出现干磨声和轴承损坏声 2. 摩擦片破裂，磨损过甚，铆钉外露	1. 检测主动盘轴承、分离轴承是否缺油及处于磨损状态，注油或更换轴承 2. 检测摩擦片磨损和破裂状况，更换摩擦片
变速器跳挡现象： 1. 行驶或作业中突然停车 2. 变速杆自行跳回空挡(TY120)	1. 闭锁机构调整不当 2. 拨叉固定螺钉松脱 3. 锁销、销轴和拨叉轴V形槽磨损过度 4. 齿轮的齿端面磨损成锥形 5. 拨叉或齿轮环槽磨损严重 6. 轴承径向间隙过大，使各轴不平衡	1. 重新调整叉头，转动1.5～2转 2. 拆下变速机构，对4个拨叉逐一检测并紧固，重点检查发生跳挡的拨叉 3. 应分解变速器，逐一检测磨损件 4. 分离变速箱，检测齿轮端面磨损，更换齿轮 5. 检测磨损情况，进行更换 6. 拆下轴承，检测磨损程度，更换轴承
变速器乱挡现象： 1. 变速杆在某一挡位无法摘下 2. 行走速度和所挂挡位不一致 3. 推土机不能行走	1. 变速杆球形座固定螺钉松脱，或变速杆球部过度磨损 2. 变速杆下端方头拨叉缺口和限止器卡铁磨损过度 3. 进退杆、内杠杆与横轴的固定螺钉松动，或横轴端盖脱落使横轴窜动移位 4. 变速时用力过猛，角度不对	1. 拧下固定螺钉，取出变速杆，检测磨损状态，紧固或修复 2. 修复 3. 紧固或修复 4. 正确操纵，零件检测磨损严重时应予修理或更换
变速困难	1. 闭锁机构锈死或调整不当 2. 主离合器分离不彻底 3. 主离合器制动器失灵 4. 轴弯曲或花键上有脏物 5. 润滑油过脏或黏度过大 6. 轴承磨损过甚	1. 拆下检测闭锁机构或重新调整 2. 检测主离合器机构，并检修 3. 检测并重新调整主离合器制动器松紧度，或更换摩擦片 4. 校正轴弯曲度和清洗花键脏物 5. 检测润滑油状态，更换齿轮油 6. 检测轴承磨损状态，更换轴承
变速器有异响现象： 变速器在工作中，内部发出不正常的响声	1. 齿轮和轴的花键严重磨损而松旷；齿内侧间隙过大或个别齿轮折断 2. 变速箱花键轴弯曲 3. 轴承磨损严重或损坏 4. 润滑油不足或质量不好	1. 拆下变速箱，检测齿轮、轴和花键，修复或更换 2. 拆下检测校正轴弯曲状态 3. 更换轴承 4. 添加或更换新润滑油

续表

常见故障	故障诊断分析	排除方法
变速器漏油	1. 变速箱前轴承座固定螺钉松动 2. 油封磨损或密封垫片损坏 3. 变速箱壳体破裂	1. 检查紧固变速箱前轴承座螺钉 2. 更换油封及密封垫片 3. 清洗检测壳体,焊接修复
终传动装置漏油	1. 油封损坏 2. 油封压缩量(4～8mm)不够 3. 滑环、软木环磨损严重 4. 轮毂轴承间隙过大 5. 半轴过度弯曲	1. 更换油封 2. 紧固驱动轮固定螺母 3. 修复或更换滑环 4. 调整轮毂轴承间隙 5. 拆下重新校正
终传动装置有异常响声	1. 齿轮磨损严重或轮齿断裂 2. 轴承损坏或松旷	1. 拆检齿轮磨损程度,找出断裂块,清洗终传动装置,更换齿轮 2. 检测轴承损坏状况,更换轴承

表 23-2　行驶系常见故障诊断与排除

常见故障	故障诊断分析	排除方法
履带脱落	1. 履带过松 2. 引导轮、支重轮、托链轮凸缘磨损过甚,驱动轮轮齿磨损严重 3. 轮架变形	1. 调整松紧度(撬杆底;正常值40～50mm) 2. 拆检清洗三轮内腔,检测磨损程度;检查引导轮与轮架侧向间隙;引导轮轴座与轴架导板的侧向间隙为0.5～1mm;托链轮轴向间隙为0.03～0.15mm;驱动轮轴向间隙0.125mm 3. 检测校正轮架
链轨和各齿轮磨损迅速: 1. 磨损加快 2. 磨偏	1. 滚轮轴承间隙过大或过小 2. 轮架变形 3. 驱动轮、支重轮和托链轮的对称中心不在同一个垂直平面内: ①引导轮偏斜 ②驱动轮装配靠里或靠外 ③半轴弯曲、驱动轮歪斜 ④托链轮歪斜 ⑤同侧支重轮对称中心线不在一直线上 ⑥斜撑梁轴承间隙过大或固定螺钉松动	1. 拆下轴承,检测间隙 2. 检测轮架位置,并校正 3. 分别做如下检修: ①检查轴承间隙和内外端盖与上、侧导板的间隙是否过大;两侧轴座内支承弹簧是否弹力一致;调整螺杆是否弯曲,又臂长短是否一致 ②重新检修、装配 ③校正半轴,检查花键磨损情况 ④检查托链轮轴或支架 ⑤检查校正 ⑥检查、紧固或更换
支重轮、引导轮、托链轮漏油	1. 各橡胶密封圈硬化、变形或损坏 2. 外挡板与垫圈密封面间有脏物使贴合不严 3. 有泥沙进入内、外端盖内,油封被挤坏 4. 油封压紧弹簧折断 5. 装配不当,油封位置改变	1. 拆下密封圈,检测磨损程度,更换 2. 拆检密封圈,清洗或修复贴面 3. 清洗更换油封 4. 更换油封压紧弹簧 5. 拆下重装或更换新件

表 23-3　转向系统常见故障诊断与排除

常见故障	故障诊断分析	排除方法
转向离合器打滑现象: 1. 行驶无力 2. 自行跑偏	1. 操纵杆自由行程过小或没有 2. 摩擦片上粘有油污 3. 复式弹簧弹力不足或折断 4. 摩擦片严重磨损或铆钉外露	1. 检测自由行程(20～40mm),重新调整自由行程 2. 拆下摩擦片清洗、调试或更换油封 3. 分解检测弹簧,更换弹簧 4. 更换摩擦片

续表

常见故障	故障诊断分析	排除方法
转向操纵杆拉动沉重	1. 助力器油封、密封垫损坏,漏油使机油量不足 2. 油泵磨损严重,油压过低 3. 推杆和顶杆之间间隙过大,同时滚轮与顶套之间间隙过小 4. 顶套、滑阀及阀套磨损严重,间隙过大 5. 节流阀封闭不严	1. 更换油封及密封垫 2. 修复油泵 3. 按调整方法的详细步骤调好操纵杆的自由行程 4. 修复或更换顶套、滑阀 5. 修复或更换节流阀
推土机不能急转向	1. 制动踏板行程过大 2. 制动带摩擦片上有油污 3. 摩擦片硬化、翘曲、磨损过甚,铆钉外露 4. 内、外摇臂与其轴的半圆键或与拉杆的连接销脱出	1. 检测调整踏板行程(TX120制动器踏板行程为:150~190mm) 2. 拆下用汽油清洗 3. 拆下检测,不符合标准应更换 4. 检测修复
转向离合器温度过高现象: 1. 严重时发热 2. 冒烟 3. 有焦臭味	1. 摩擦片粘有油污 2. 制动带过紧 3. 新铆摩擦片较厚 4. 制动卡爪没放松	1. 拆检清洗油污 2. 检测制动带,重新调整间隙 3. 检测间隙,重新调整 4. 扳起卡爪
转向制动系有异常响声	1. 接盘固定螺钉松动或脱出 2. 轴承磨损松旷或烧坏 3. 复式弹簧、弹簧杆或摩擦片断裂	1. 拆检紧固 2. 检查润滑情况、更换轴承 3. 拆检更换

表 23-4 工作装置和液压系统常见故障诊断与排除

常见故障	故障诊断分析	排除方法
1. 铲刀不能升起或升起缓慢 2. 松土器升降不起或上升力弱	1. 液压油不足 2. 安全阀调整不当 3. 操纵阀操作或磨损 4. 油泵磨损或损坏 5. 活塞密封圈损坏	1. 检测液压油油位,按油标加油 2. 调整至规定压力 3. 修理或更换操纵阀 4. 修理或更换油泵 5. 更换活塞密封圈
铲刀自动下降	1. 操纵阀泄漏 2. 活塞密封圈磨损或损伤 3. 油路中有空气	1. 拆检、修理或更换操纵阀 2. 拆检、更换活塞密封圈 3. 分段排除空气
油压不足	1. 安全阀关闭不严 2. 安全阀弹簧失效或调整不断 3. 油量不足,吸入空气 4. 在油路中有泄漏	1. 检查并清理安全阀 2. 更换或重新调整压力 3. 检视油压力,补充加油 4. 检测油管及接头,修理或更换有问题的零件
油温过高(>75℃)	1. 滤油安全阀压力过高 2. 滤网被污物堵住 3. 油量不足	1. 拆检,重新调整滤油安全阀 2. 清洗滤网污物 3. 检视油量,补充油量

五、实训考核标准

设置故障,让学生进行故障诊断与排除。

实训项目二十四

铲运机故障诊断与排除

一、实训参考课时

2 课时。

二、实训目的及要求

掌握铲运机常见故障诊断与排除方法。

三、实训工程机械及工量具

铲运机 1 台；专用拆装和检测工具。

四、实训内容

自行式铲运机主要由牵引机、工作装置和液压系统等所组成。常见故障及诊断和排除方法见表 24-1～表 24-3。

表 24-1　转向系常见故障诊断与排除

常见故障	故障诊断分析	排除方法
转向不灵或无力	1. 吸油管变形造成泵吸油量不足 2. 吸油管路破损，油液中有空气 3. 泵损坏 4. 转向器阀块内溢流阀压力调的过低或阀芯油封损坏 5. 转向液压缸内油封损坏，造成两转向液压缸内部窜油 6. 油绳损坏	1. 检测吸油管路有无变形，更换吸油管 2. 检测吸油管有无破损漏油，更换吸油管 3. 检测或更换油泵 4. 重调或更换油封 5. 更换或检测液压缸 6. 检视油绳有无损坏折断，更换油绳
机械无转向	1. 箱油位偏低 2. 泵损坏 3. 转向器损坏，转向器内阀套与阀芯间销轴窜出卡死	1. 检测油箱油位，补充加油 2. 更换油泵 3. 检修并更换转向器
机械朝一个方向偏转且振动大	转向器回油绳与左转或右转油绳接错	检视重新安装正确

表 24-2　制动系统常见故障诊断与排除

常见故障	故障诊断分析	排除方法
无制动	1. 空压机坏 2. 气顶油加力器坏或没制动油 3. 内张蹄式制动分泵损坏或制动蹄摩擦片磨损过甚 4. 盘式制动片磨损过大	1. 检修并更换空压机 2. 检修或更换加力器 3. 检测制动分泵是否损坏或摩擦片是否磨损过甚,并更换 4. 更换盘式制动片
制动力不足	1. 空压机气压不足 2. 气压调整器气压调整不当 3. 储气罐上两溢气阀漏气 4. 气顶油加力器内制动油不足 5. 盘式制动片磨损 6. 内张蹄式摩擦片磨损	1. 检修或更换空压机 2. 检测,更换气压调整器 3. 检测,更换两个溢气阀 4. 添加制动油液 5. 更换点盘式制动片 6. 调整内张蹄式摩擦片

表 24-3　工作装置和液压系统常见故障诊断与排除

常见故障	故障诊断分析	排除方法
卸土回路,卸土缸不动作或动作无力,速度过慢	1. 卸土油缸内泄严重或损坏 2. 换向阀内泄严重 3. 泵不出油或流量不大 4. 油箱油量不足 5. 溢流阀定压太低 6. 液压油污染严重	1. 检查卸土油缸、换向阀内泄原因并排除 2. 检查回路液压元件是否损坏,并进行维修及更换 3. 检查液压泵是否损坏,并更换 4. 加足油箱内油液 5. 重新调整溢流阀压力 6. 更换油液
工作装置液压缸不动作	1. 工作液压泵损坏 2. 先导阀不工作	1. 检测液压油泵,并更换 2. 检测先导阀,并更换
液压缸动作缓慢无力	1. 多路换向阀总压力调得太低或油封损坏 2. 多路换向阀上四个分溢流阀压力调得太低或油封损坏 3. 液压油中有空气 4. 多路阀进油绳漏油 5. 多路阀阀芯复位弹簧损坏	1. 重调或换油封 2. 重调或换油封 3. 检测有无气泡,排除空气 4. 检测,更换多路阀油绳 5. 检测,更换多路阀复位弹簧
翻斗液压缸或举升缸锁不住	1. 多路换向阀两边溢流阀油封损坏 2. 液压缸密封件损坏 3. 多路阀芯磨损	1. 检测,更换多路换向阀两边溢流阀油封 2. 检修或更换液压缸 3. 检测,更换多路阀
液压系统内单向阀、液压锁及单向节流阀出现毛病	1. 液压污染 2. 单向阀磨损及弹簧疲劳或折断	检查油质,修复或更换球形阀芯,更换弹簧

五、实训考核标准

设置故障,让学生进行故障诊断与排除。

实训项目二十五

装载机故障诊断与排除

一、实训参考课时

2课时。

二、实训目的及要求

掌握装载机常见故障诊断与排除方法。

三、实训工程机械及工量具

装载机1台；专用拆装和检测工具。

四、实训内容

装载机主要结构有底盘、工作装置、液压系统和电气系统，装载机常见故障诊断与排除见表25-1～表25-3。

表25-1　装载机底盘常见故障诊断与排除

常见故障	故障诊断分析	排除方法
装载机底盘有异常响声现象： 发出尖叫声、啸叫声、松旷声	1. 液压系统油量不足 2. 传动系统齿轮、轴承、花键等磨损或损坏 3. 前桥传动轴螺栓松动，传动时发响	1. 检测油面，添加到标准位置 2. 检测相关联齿轮轴承、花键等磨损或损坏程度，修复或者更换新件 3. 检测传动轴螺栓是否松动，并紧固
各挡变速油压力均较低现象： 压力低于规定值	1. 变速器油底壳油量不足 2. 主油道漏油 3. 变速器油泵齿轮磨损或密封不严，造成严重内泄 4. 变速器滤油器堵塞 5. 变速器操纵阀的调压阀调整不当 6. 变速器操纵阀的调压阀弹簧失效 7. 变速器操纵阀的调压阀或蓄能器活塞卡死在阀槽内	1. 检测油位置，添加至规定油值 2. 检测主油道是否有破损、结合面密封是否不严，修复或者更换密封件 3. 更换油泵或者泵总成 4. 清洗或者更换滤油器 5. 重新调整到规定值 6. 更换调压阀 7. 清洗排除或更换调压阀和蓄能器
某个挡位油压力低现象： 挂某一挡时，压力较低	1. 该挡离合器活塞密封圈损坏 2. 该挡油路密封圈损坏 3. 该挡油路漏油	1. 拆检该挡离合器，更换密封圈 2. 拆检该挡油路结合部位密封圈，更换油路密封圈 3. 检测该挡油路，排除漏油点

常见故障	故障诊断分析	排除方法
装载机不能起步现象：挂上挡不起步	1. 变速器操纵阀的脱挡阀弹簧不能回位 2. 操纵杆系调整不当，挂不上挡位 3. 变速器油压过低	1. 拆检修复脱挡阀 2. 拆检操纵杆，重新调整位置 3. 拆检各挡油压系统，见"各挡变速油压均较低"
变矩器油温过高现象：油温超过110℃	1. 变速器油底壳油位过低 2. 变速器油底壳油位过高 3. 变速器油压低，离合器打滑 4. 变矩器油散热器堵塞 5. 变矩器回油压力过低(＜0.15MPa) 6. 变矩器连续超负荷工作时间过长 7. 变速器油质变坏	1. 检查变速器油位，按照规定牌号加至规定油位 2. 检查变速器油位，放出工作油至规定位置 3. 检查变速油泵，操纵阀油道、滤油器，修复液压系统 4. 拆下，清洗疏通散热器 5. 检测三联阀，使压力符合标准 6. 检测油温或检视变矩器表面是否有热气 7. 更换新油
变速器油面增高现象：变速器油面越来越高	1. 变矩器油温过高 2. 变矩器叶片损坏 3. 超越离合器损坏 4. 变速器油压过低 5. 柴油机动力不足 6. 变矩器出口压力过低	1. 拆检变速箱，见"变矩器油温过高" 2. 拆检变矩器，更换叶轮 3. 拆检修复单向离合器 4. 拆检变速箱，见"各挡变速油压均较低"、"某个挡位油位低" 5. 检测发动机功率，维修发动机 6. 检测变速箱液压系统，修复变矩器
制动不灵现象：制动效果较差	1. 制动分泵漏油 2. 制动液压管中有空气 3. 制动气压低 4. 气液总泵皮碗磨损 5. 制动摩擦片上有油污 6. 摩擦片磨损过甚 7. 气液总泵油液不足或平衡孔、补偿孔堵塞	1. 拆检制动分泵，更换密封圈 2. 拆检液压管路，排出空气 3. 检测气压管路或泵 4. 拆检总泵，更换皮碗 5. 拆检清洗摩擦片，清洗并更换轮毂油封 6. 更换摩擦片 7. 添加制动液或清洗气液总泵
制动解除不彻底现象：脚抬起，制动尚未解除	1. 制动阀推杆位置不对 2. 制动阀回位弹簧失效 3. 制动阀活塞杆卡住 4. 气液总泵回位弹簧失效 5. 分泵密封圈发胀或活塞锈死	1. 调整推杆螺钉 2. 拆检并更换回位弹簧 3. 拆检制动阀 4. 更换气液总泵回位弹簧 5. 拆卸清洗制动分泵
制动系统气压上升缓慢现象：发动机启动后，气压达不到规定	1. 管路接头松动且油水分离器放油塞未拧紧 2. 空压机工作不正常 3. 制动阀内漏气 4. 压力调节阀放气孔堵塞或单向阀密封不好	1. 拆检紧定管路接头并紧固放油塞 2. 检修空压机 3. 检修制动阀 4. 检修压力调节阀和单向阀
装载机转向盘转向沉重	1. 转向液压油温度太低 2. 转向泵供油不足 3. 转向油路中进入空气	1. 检测油温，升高后再试 2. 修复或更换转向泵 3. 拆检转向油路找到漏气点并紧固

表 25-2　装载机工作装置常见故障诊断与排除

常见故障	故障诊断分析	排除方法
装载机动臂铲斗工作速度缓慢无力现象： 作业时动臂铲斗液压缸伸缩缓慢且无力	1. 安全阀调整压力低或者密封不严 2. 滤清器过脏或吸油管堵塞 3. 油泵磨损过甚 4. 油箱油面过低或使用油液牌号不对 5. 液压缸拉伤或密封损坏出现内漏 6. 油路系统有空气	1. 检测调整或清洗安全阀 2. 拆检清洗滤清器 3. 检测维修油泵 4. 检测油箱油面选用规定牌号液压油，添加油液 5. 拆检修理液压缸及密封或更换油液 6. 检测液压油路，排放空气
动臂自动下降现象： 没有操作动臂，但自动下移	1. 操纵阀磨损严重 2. 液压缸活塞密封圈损坏 3. 过载阀（分路安全阀）密封不严或者调整压力不当	1. 拆检修复操纵阀 2. 更换动臂液压缸 3. 拆检清洗过载阀，重新调整压力
动臂提升力或铲斗力不足现象： 不能承载额定装载量	1. 液压缸密封磨损或损坏 2. 换向阀过度磨损，阀杆与阀体配合间隙超过规定值 3. 管路系统漏油 4. 双联泵严重内漏 5. 安全阀调整不当，系统压力偏低 6. 吸油管及滤油器堵塞	1. 换油封 2. 拆检换向阀，测量配合间隙 3. 检修油管路 4. 更换双联油泵 5. 拆检安全阀，调整系统压力 6. 清洗滤油器并换油

表 25-3　装载机电气系统常见故障诊断与排除

常见故障	故障诊断分析	排除方法
启动机转动困难	1. 蓄电池损坏或电量不足 2. 线路连接不良或者断路 3. 启动开关损坏 4. 柴油机温度太低，润滑油太稠 5. 启动机电刷接触不良	1. 更换蓄电池或充电 2. 用万用表检测电路，检查连接紧定 3. 更换启动开关 4. 预热柴油机或更换润滑油 5. 监测启动机电刷长度，磨损超过1/2，则更换
灯泡常烧毁，灯具全不亮	1. 调节器未调好 2. 触点烧结 3. 线路有故障	1. 重调调节器电压 2. 检测调节器性能；检测蓄电池电压及极柱 3. 检修线路
电流表不指示充电位置	1. 发动机传动带打滑 2. 调节器有故障 3. 发电机有故障 4. 导线接触不良或者断路 5. 熔丝烧断 6. 电流表损坏	1. 检测调整发动机传动带张紧度（10mm） 2. 检修调节器 3. 检测发电机能力并检修 4. 用万用表分段检测，连接紧定 5. 先检测短路和断路点，更换熔丝 6. 检测电流表，若损坏，更换

五、实训考核标准

设置故障，让学生进行故障诊断与排除。

实训项目二十六

挖掘机故障诊断与排除

一、实训参考课时

2 课时。

二、实训目的及要求

掌握挖掘机常见故障诊断与排除方法。

三、实训工程机械及工量具

挖掘机 1 台;专用拆装和检测工具。

四、实训内容

液压挖掘机主要由发动机、传动系统、转向系统、制动系统、回转装置、行走装置、液压操作系统等组成,其常见故障诊断与排除见表 26-1～表 26-4。

表 26-1　挖掘机传动系统常见故障诊断与排除

常见故障	故障诊断分析	排除方法
离合器分离不彻底现象: 1. 踏下离合器踏板、变速时打齿,使换挡困难 2. 挂挡后不抬踏板,挖掘机行走或发动机熄火	1. 踏板自由行程过大 2. 分离臂高度不一致 3. 从动盘翘曲不平 4. 分离弹簧失效,限位螺钉调整不当 5. 新更换的摩擦片过厚	1. 检测踏板自由行程(45～55mm),按要求调整 2. 检测分离臂高度值(正常:33mm±0.25mm),重新调整 3. 检测、更换从动盘 4. 检测分离弹簧高度,调整限位螺钉 5. 检测摩擦片厚度,更换或调整
离合器打滑现象: 挖掘机起步时动力不足,增速而车速不增加。从检视孔冒烟,并有焦臭味	1. 踏板没有自由行程,压盘不能压紧从动盘 2. 摩擦片、压盘磨损过甚 3. 压紧弹簧受热退火或折断 4. 摩擦片表面沾油污 5. 摩擦片表面烧蚀或硬化 6. 离合器盖固定螺钉松动	1. 检测,重新调整踏板自由行程 2. 拆检,更换摩擦片和压盘 3. 检测压紧弹簧的长度(70±1.5)mm或检测其压力(470～570N),更换新弹簧 4. 拆检,清洗摩擦片,找出油污来源 5. 对于轻微的烧蚀和硬化,可用木锉将硬化层去除,如严重则更换新件 6. 检视后紧固

常见故障	故障诊断分析	排除方法
离合器发抖现象： 挂挡后抬离合器时,脚踏板或全车都抖动	1. 分离臂内端面不在一个平面上 2. 压紧弹簧弹力不均或折断 3. 摩擦片铆钉松动或翘曲 4. 从动盘毂铆钉松动,从动钢片翘曲不平	1. 检测,调整分离臂内端面 2. 检测,调整压紧弹簧高度和压紧力 3. 检测摩擦片工作面和翘曲程度,紧定或更换 4. 校正或更换从动盘工作面和翘曲不平程度
离合器分离时有异常响声,结合时消失	1. 踏下踏板少许,使分离轴承与分离臂接触,若此时发出"沙沙"声,则分离轴承内缺少润滑油,或者轴承磨损松旷、损坏 2. 将踏板踏到底,若此时发出"嘎啦嘎啦"的响声,则为传动销与主动盘销孔磨损松旷而发出撞击声	1. 拆检分离轴承,检视是否缺润滑油或磨损严重,先向轴承内注油,如无效,即为轴承磨损严重,应进行更换 2. 拆检传动臂与主动盘销孔磨损是否松动,这种响声如不严重,可继续使用,否则更换或加粗传动销
离合器在结合和分离瞬间发出"刚嘟刚嘟"的响声	1. 分离臂与离合器盖窗孔之间磨损,间隙增大 2. 从动盘毂键槽磨损松旷	1. 检视分离臂与离合器盖内有无摩擦痕迹,响声不严重可继续使用 2. 检测从动盘毂和变速器主轴是否磨损松旷,如响声严重则更换
变速器挂挡困难	1. 变速器杆调整不当,使拨叉轴轴向移动距离太小 2. 离合器分离不彻底 3. 拨叉轴弯曲变形,长期停放没及时保养,使轴严重锈蚀 4. 变速器主动轴和从动轴的轴承损坏,使两轴线不同心	1. 拆检传动箱操纵管上的两个限制圈,增大拨叉轴轴向移动距离 2. 检测,调整离合间隙 3. 校正拨叉轴 4. 检测主、从动轴轴承磨损程度,更换轴承
变速器脱挡现象： 1. 行驶中自动跳回空挡 2. 滑动齿轮脱离啮合位置	1. 换挡齿轮不正常啮合或啮合不到位 2. 换挡拨叉磨损或拨叉球弹簧折断或过软 3. 与输入轴和输出轴有关的轴承磨损或损坏	1. 检测换挡杆系统是否失调或变形,调整位置或拉杆 2. 检测换挡拨叉磨损状态,或拨叉球弹簧是否折断或过软,更换拨叉和弹簧 3. 检测输入轴与输出轴的轴承磨损状态,更换对应的轴承
变速器乱挡现象： 1. 不能挂入所需的挡位上 2. 挂入挡后不能退回空挡	1. 变速器定位销松旷或折断,失去控制作用,使变速杆不能拨动变速叉 2. 变速叉轴弯曲,互锁销与凹槽磨损不能起定位作用 3. 变速杆下端工作面磨损过大或变速叉导块槽过度磨损,失去正常拨动导块作用	1. 检测定位销是否折断或磨损过大,更换定位销 2. 检测变速叉轴是否弯曲及互锁槽与凹槽磨损状态,修复或更换 3. 检测变速杆下端工作面和变速叉导块槽磨损状态,修复或更换
手制动器失灵	1. 制动器间隙过大 2. 摩擦片松脱	1. 重新调整手制动器间隙 2. 用环氧树脂粘牢摩擦片重装
前桥接面不能结合或不能分离	前接通气缸位置调整不当或脱落	重新调整前接通气缸位置

表 26-2　挖掘机转向系统常见故障诊断与排除

常见故障	故障诊断分析	排除方法
挖掘机转向沉重	1. 转向系统压力太低 2. 滤网堵塞或油管堵塞 3. 转向油箱内油液不足,油液牌号不对或变质 4. 转向泵损坏 5. 溢流阀(流量控制阀)卡死在溢流位置 6. 转向器单向阀封闭不严 7. 转向器至油泵的管路破裂 8. 转向系统油路中有空气	1. 检测调整溢流阀压力到 7MPa 2. 检视,清洗或疏通滤油网和油管 3. 添加或更换机油 4. 检测,修复或更换转向油泵 5. 检测溢流阀有无卡滞现象,并进行修磨 6. 检测转向器单向阀密封情况,可用铜棒轻冲击观察直到封闭良好,进行修复 7. 更换油管 8. 以挖掘机工作装置配合将前轮顶起,反复转动方向盘,使空气从油箱通气孔排出
不能转向	1. 中央回转接头油封损坏 2. 液压缸活塞环损坏或缸壁拉伤 3. 油管破裂或接头破裂 4. 转向器装错或转向阀及摆线马达磨损严重	1. 检测中央回转接头油封,更换油封 2. 更换活塞环或液压缸 3. 更换油管,更换接头 4. 拆开转向器按要求装配或更换转向器
行驶中不转动转向盘,而挖掘机自动跑偏	1. 转向器片式弹簧折断 2. 轮胎气压不一致 3. 转向液压缸进出油管破裂或松脱 4. 轮胎制动器单边发咬	1. 检测,更换转向器片式弹簧 2. 检测各轮胎气压是否一致 3. 检测转向器液压缸进出油管有无破裂或松脱,更换或拧紧油管 4. 检测车轮制动器有无单边发咬
转向盘自由行程过大	1. 转向系统油路中有空气 2. 转向液压缸与转向臂铰接处间隙过大	1. 检测,排除油路中空气或漏气点 2. 检测调整转向液压缸两端铰接处弹簧的张力

表 26-3　挖掘机制动系统常见故障诊断与排除

常见故障	故障诊断分析	排除方法
气压过低	1. 空气机传动带过松 2. 调压阀压力过低 3. 接头漏气 4. 空气机气阀封闭不严或损坏 5. 空气压缩机活塞或活塞环磨损过甚 6. 高压阀膜片破损	1. 检测空压机传动带,调整或更换传动带 2. 检测高压阀压力(0.49~0.64MPa),重新调压 3. 检视接头有无漏气,并检修 4. 检测空压机排气阀密封不严或是否损坏,并更换 5. 检测空压机活塞及活塞环是否磨损过大,并更换 6. 检测调压阀膜片有无破坏,并更换
制动气缸不回位	1. 制动气缸推杆与活塞干涉 2. 快速放气阀放气口堵塞	1. 检视,修磨气缸与推杆工作面 2. 检视,清除放气口堵物
踏板制动阀漏气使气压急剧下降	单向阀被杂物卡住使空气泄露	检测单向阀,清除杂物

常见故障	故障诊断分析	排除方法
制动不灵	1. 气压不足 2. 制动蹄摩擦片与制动鼓之间间隙过大 3. 摩擦片沾有油污 4. 制动器轴生锈发卡 5. 制动鼓失圆或产生沟槽	1. 检测高压阀，调整压力（0.49～0.64MPa） 2. 检测摩擦片与制动鼓间隙（0.4～0.7mm） 3. 用煤油或汽油清洗摩擦片并找出原因 4. 检测销轴，并清洗和注油 5. 检测，修复制动鼓工作面
单边制动	1. 左右车轮制动蹄摩擦片与制动鼓之间的间隙不一致 2. 个别车轮摩擦片上有油污或铆钉外露 3. 个别车轮的凸轮轴被卡住 4. 个别制动气缸活塞卡死或密封盖漏气	1. 检测调整左右车轮制动器，使之间隙一致 2. 清洗摩擦片有无油污或更换外露铆钉 3. 检测，对车轮凸轮轴清洗和注油 4. 检测制动气缸有无卡死或漏气
制动发咬	1. 制动踏板阀活塞卡死和阀体下端不能排气 2. 制动气缸活塞回位弹簧锈死或折断，推杆不能迅速回位 3. 快速放气阀堵塞 4. 制动蹄回位弹簧过软或折断 5. 制动鼓失圆与制动蹄摩擦片有摩擦 6. 制动器轴生锈发卡	1. 检测制动阀活塞有无卡死现象，清洗、研磨或更换 2. 清洗或更换制动气缸活塞回位弹簧 3. 清洗疏通快速放气阀 4. 检视，更换制动蹄回位弹簧 5. 检测制动鼓有无失圆或与制动蹄摩擦片摩擦，检查修理 6. 检测，清洗，注油润滑

表 26-4 挖掘机液压操作系统常见故障诊断与排除

常见故障	故障诊断分析	排除方法
工作装置不能动作	1. 油箱油液不足 2. 油管破裂 3. 油泵损坏 4. 主安全阀密封不严或弹簧折断	1. 检测油箱液面高度，添加液压油 2. 检测，更换工作装置相关破裂油管 3. 检测，更换工作装置液压油泵 4. 修复主安全阀密封或更换弹簧
工作装置动作缓慢或液压缸自动下降	1. 液压缸活塞的油封损坏 2. 过载阀密封不严 3. 操纵阀磨损严重 4. 油中有空气 5. 油泵磨损或油封密封不良 6. 主安全阀调整压力偏低 7. 油箱油面低	1. 检测，更换工作装置液压缸活塞密封 2. 检修过载阀密封 3. 修复或更换操纵阀 4. 排放工作装置油路中空气 5. 检修油泵 6. 调整主安全阀压力 7. 检测油箱油面高低，添加油液
油温过高	1. 风扇传动带过松 2. 散热片积污过多 3. 油泵长时间过载工作 4. 油中有空气	1. 检测，调整风扇传送带松紧度（10mm） 2. 检视，清除散热片积污 3. 检测油泵，如短时间过载运行，应减少工作载荷或停机降温 4. 检视油路中，有无漏气部位，排放空气
系统油温急剧升高	主安全阀压力过低，使动臂提升、铲斗挖掘等作业过程经常处于停滞状态，使大量油液通过安全阀节流，使油温迅速上升	重新调整主安全阀压力（14MPa）

续表

常见故障	故障诊断分析	排除方法
系统中油压不稳	1. 主安全阀磨损 2. 油液过脏 3. 液压油路系统有空气	1. 检测,修复主安全阀 2. 检测,更换油液 3. 检视油路,找出漏点,排出空气
系统油压过低	1. 油箱内油液不足 2. 选用油液牌号不对 3. 油泵磨损严重或油封损坏 4. 主安全阀调整压力不当 5. 吸油管滤网堵塞	1. 检测油液位置,添加液压油 2. 选用标准牌号油液 3. 修复或更换油封或泵 4. 检测,调整主安全阀压力 5. 检测,清洗吸油管滤网
作业时工作油箱中有大量的工作油排出或有异常响声	主要是中央回转接头中气槽两边的 O 形密封圈损坏或磨损严重,使压缩空气通过气槽进入液压油箱,气体少量时油箱发出气泡响声,气体多时,液压油便从油箱通气孔中被压出	拆检中央回转接头,更换全部气槽和油槽密封圈;检修空气压缩机和储气筒
挖掘机支腿液压缸闭锁不严	1. 支腿液压缸活塞上的 U 形圈损坏 2. 支腿单向阀内的圆锥活塞表面卡有脏物或接触面损伤 3. 压紧圆锥活塞的弹簧失效	1. 拆检,更换支腿液压缸活塞上的密封圈 2. 拆检支腿单向阀,查明原因后修复 3. 拆检单向阀,检测弹簧压力,更换弹簧

五、实训考核标准

设置故障,让学生进行故障诊断与排除。

实训项目二十七

平地机故障诊断与排除

一、实训参考课时

2 课时。

二、实训目的及要求

掌握平地机常见故障诊断与排除方法。

三、实训工程机械及工量具

平地机 1 台；专用拆装和检测工具。

四、实训内容

平地机主要组成部分有发动机、传动系统、机架、行走装置、工作装置和操纵控制系统等，其常见故障诊断与排除见表 27-1、表 27-2。

表 27-1　传动系统、制动系统、行走装置常见故障诊断与排除

常见故障	故障诊断分析	排除方法
变矩器出口压力过低（PY160 正常值：0.28MPa；PY180：正常值 1.5～1.7MPa）	1. 油位过低 2. 变矩器出口压力阀卡死在打开位置 3. 液压泵泄漏磨损 4. 液压泵补偿系统漏油或堵塞 5. 大负荷工作时间过长	1. 检测变矩器，油箱位置（PY160 型），变速箱油池的油位（PY180 型），加至标定位置 2. 修复或更换出口压力阀 3. 检修或更换液压泵 4. 清洗油路或修复液压泵补偿系统 5. 改变操作工况，停机冷却
变矩器闭锁操纵压力过低（1.5～1.7MPa）	1. 油箱油位过低 2. 操纵压力阀芯卡死在打开位置 3. 液压泵有泄漏 4. 油路堵塞	1. 检测油箱油面位置，加至标定位置 2. 检测压力阀并调整压力 3. 检修或更换液压泵 4. 检测，疏通油路系统
换挡困难	1. 停车换挡困难：变速箱小制动器间隙太小，制动太死 2. 行驶中换挡困难：小制动器间隙太长，制动不灵	检查并重新调整变速箱内小制动器间隙

续表

常见故障	故障诊断分析	排除方法
制动无力或失灵	1. 制动油油量不足 2. 制动油路中混入空气 3. 制动油路堵塞 4. 轮边制动器阀带与制动器间隙过大 5. 制动鼓或阀带表面存在油污 6. 制动管破裂,接头松动	1. 检测制动液面高度,加至标定位置 2. 检测分泵和主缸上的放气帽,反复踩制动器板排气,直至无气泡为止 3. 检视油路,清洗和疏通油路 4. 检测间隙是否过大,重新调整 5. 清洗油污 6. 检视,修复或更换油管及接头
制动器不能松开	1. 制动气路堵死,造成放气困难(PX160型制动踏板系统为气推油综合式制动系统) 2. 制动油路阻塞,造成回油困难 3. 轮边制动器阀带与制动鼓间隙太小	1. 检测,疏通气压系统 2. 检查油路系统是否阻塞,并疏通 3. 检测,重新调整制动间隙
手制动器失灵	1. 制动蹄表面有油污 2. 手制动空行程太大 3. 制动钢丝绳断裂 4. 制动摩擦片磨损过甚	1. 用汽油清洗制动蹄和制动鼓表面 2. 检测和消除手制动传动部分的松动和空余现象 3. 检视,更换断裂的钢丝 4. 检测,更换摩擦片
行驶时前轮产生不正常噪声	1. 轴承调整不当,磨损或损坏 2. 主销及轴套间的间隙太大	1. 修复或更换 2. 更换
前轮在行驶时摆动	1. 轴承调整不当,磨损或损坏,套间隙过大 2. 前轴的倾斜主销和转向主轴与销套间隙太大 3. 转向横拉杆间隙太大 4. 轮辋变形或安装不当	1. 调整轴与套间隙,或修复或更换 2. 调整或修复主销和主轴的间隙太小 3. 调整或修复横拉杆间隙 4. 更换轮辋

表 27-2　工作装置常见故障诊断与排除

常见故障	故障诊断分析	排除方法
作业装置操纵失灵,不能选定位置	1. 操纵杆不能回中位 2. 油泵的故障 3. 工作油不够 4. 进油管堵塞或破损 5. 调压阀压力不正确或不能保持	1. 检测回位弹簧是否太软或折断,并更换 2. 更换油泵 3. 增调适当油量 4. 检修或更换 5. 检修或更换
液压系统流量太小或压力失常	1. 工作液压油油量不足 2. 液压泵磨损或损坏 3. 过滤器堵塞 4. 流量阀、安全阀调整不当 5. 液压系统管路阻塞	1. 检测液压油位置,添加液压油 2. 修复或更换液压泵 3. 清洗过滤器 4. 检测压力,重新调整 5. 检测,清洗、疏通系统管路
液压系统漏油	1. 管路接头松脱 2. 液压件密封损坏	1. 检测,拧紧管路各接头 2. 更换各液压件密封环

常见故障	故障诊断分析	排除方法
铲刀不能旋转（回转装置驱动）	1. 回转阀位置不对，不能正确为回转液压缸配油 2. 回转阀与回转液压缸的连接管路接错 3. 回转液压缸内密封圈损坏，内泄严重，推力不够 4. 回转马达内部零件损坏 5. 回转马达油管接头漏油 6. 蜗杆、蜗轮损坏咬死 7. 驱动小齿轮卡滞	1. 检测调整回转阀工作位置 2. 检测管路位置，重新连接 3. 更换回转液压缸密封圈 4. 更换回转马达或零件 5. 更换油管接头密封圈 6. 拆检调整 7. 拆检修复或更换
泵供油量太小，泵噪声太大	1. 油箱中油太少 2. 液压泵中进入大量空气 3. 液压泵有毛病	1. 加足油 2. 排除空气，紧固进油管与泵接头 3. 检查或更换泵
作业时铲刃上下振动	1. 铲刀升降拉杆球节间隙太大 2. 环轮与牵引架的球节间隙太大 3. 液压缸连接支承架的销子间隙太大 4. 铲刀移动液压缸与导架的连接销间隙太大 5. 铲刀支承杆与导架的间隙太大 6. 升降液压缸叉节轴套磨损	1. 减少调整垫片，调整升降拉杆球节间隙 2. 检测球节间隙大小，调整水平间隙 3. 检测支承架与销子间隙大小，更换修整销子 4. 检测导架连接间隙大小，更换销子 5. 检测支承杆与导架的间隙，调整，更换 6. 检测，更换叉节轴套

五、实训考核标准

设置故障，让学生进行故障诊断与排除。

实训项目二十八

汽车式起重机故障诊断与排除

一、实训参考课时

2课时。

二、实训目的及要求

掌握汽车式起重机常见故障诊断与排除方法。

三、实训工程机械及工量具

汽车式起重机1台；专用拆装和检测工具。

四、实训内容

汽车式起重机主要结构有工作装置、液压系统和电气系统，其中工作装置包括起升机构、回转机构、起重臂伸缩机构、变幅机构和支腿机构。汽车式起重机工作装置常见故障诊断与排除见表28-1。

表28-1 汽车式起重机工作装置常见故障诊断与排除

常见故障	故障诊断分析	排除方法
起重机不动作	1. 取力器未挂上 2. 油泵驱动装置损坏 3. 发动机转速低 4. 储油箱油量不足 5. 油泵排油压力低 6. 油泵安全阀设定压力低 7. 换向阀不良	1. 检查气压、电磁阀取力器及其指示灯 2. 检查油泵驱动轴 3. 检查发动机及油门装置 4. 加油达规定液面 5. 检查液压泵 6. 检查调整安全阀 7. 检查是否漏油或卡滞
支腿不动	1. 锁定销未取 2. 供油压力过低 3. 支腿油缸内泄漏严重 4. 支腿液压锁工作不良	1. 取出锁定销 2. 调整安全阀、检查液压泵 3. 检修支腿油缸 4. 检查及修理
支腿动作迟缓	1. 支腿梁被泥沙、砾石堵塞 2. 液压油黏度不适或污染 3. 控制阀或管路有泄漏 4. 支腿缸内漏 5. 供油压力不足	1. 清理并润滑支架腿 2. 更换黏度适宜的液压油 3. 检查并修理 4. 检修、更换密封 5. 调整安全阀或检查液压泵

续表

常见故障	故障诊断分析	排除方法
支腿下沉	1. 支腿液压锁工作不良 2. 支腿垂直缸漏油	1. 检修或更换 2. 检修并更换密封
回转机构工作不良	1. 转台锁仍锁固 2. 供油压力不足 3. 回转马达发生故障 4. 减速器发生故障 5. 回转轴承损坏或固定螺栓松动 6. 控制阀泄漏或卡住	1. 释放转台锁 2. 检查并调整安全阀或油泵 3. 检修或更换 4. 检修或更换 5. 紧固或检修 6. 检修或更换
回转过程中有抖动现象	回转马达滑履烧坏	更换滑履
回转过速	1. 回转制动器发生故障 2. 减速器发生故障 3. 回转机构液压阀故障 4. 供油压力过高	1. 检修并调整 2. 检修或更换 3. 检修或更换 4. 检查调整安全阀
吊钩不能自由降落	1. 卷筒制动未被释放 2. 离合器摩擦片未分离 3. 离合器控制阀式动力缸工作不良 4. 液压助力缸工作不良	1. 检查并调整制动带 2. 检查并调整离合器衬片间隙 3. 检修或更换 4. 检修或更换
吊钩不能提升	1. 卷筒制动未被释放 2. 供油压力不足 3. 卷筒离合器打滑 4. 离合器接合力不足 5. 卷扬马达发生故障 6. 卷扬减速器发生故障 7. 自动停止装置处于动作状态	1. 调整制动带或检查动力缸 2. 检查调整安全阀、控制阀、液压泵 3. 检查清洗调整离合器衬片 4. 检查蓄能器、离合器控制阀及动力缸 5. 检修或更换 6. 检修或更换 7. 检查 ACS 系统及自停电磁阀
吊钩不能下降	1. 卷筒制动未被释放 2. 供油压力不足 3. 卷筒马达发生故障 4. 背压平衡阀发生故障 5. 卷扬减速器发生故障 6. ACS 系统处于动作状态	1. 检查制动带或检查动力缸 2. 检查调整安全阀、控制阀、液压泵 3. 检修或更换 4. 检修或更换 5. 检修或更换 6. 检查 ACS 系统联动开关及电磁阀
吊钩不能空中停留	1. 卷筒制动器摩擦衬片磨损过大 2. 卷筒制动摩擦衬片有油脂 3. 背压平衡阀动作不良 4. 液压马达漏油量过多	1. 调整或更换摩擦衬片 2. 清洗摩擦片 3. 检修或更换 4. 检修或更换
变幅缸缩不回	1. 背压平衡阀漏油 2. 变幅缸内漏严重 3. 供油压力不足	1. 检修或更换 2. 检修或更换密封 3. 调整安全阀
变幅缸伸不出	1. 变幅缸内漏 2. 供油压力不足 3. ACS 系统处于动作状态	1. 拆检变幅缸,更换密封件 2. 检查并调整安全阀、液压泵控制阀 3. 检查 ACS 系统及自停电磁阀
变幅自动缩缸	1. 变幅缸内漏 2. 平衡阀发生故障 3. 油缸或管路等向外漏油	1. 拆检变幅缸或更换密封件 2. 检查并修理 3. 检查并排除漏油

续表

常见故障	故障诊断分析	排除方法
臂杆伸不出	1. 伸缩缸内漏 2. 供油压力不足 3. 壁杆伸缩部分被卡住 4. 末节臂架伸出,钢丝绳断裂 5. 臂杆伸缩选择阀工作不良 6. ACS 系统处于动作状态	1. 拆检油缸,更换密封 2. 检查安全阀、油泵及控制阀 3. 检查滑动板、臂杆弯曲等 4. 更换伸缩钢丝绳 5. 检查电磁阀及导线 6. 检查 ACS 系统及自停电磁阀
臂杆不能缩回	1. 伸缩缸锁紧阀工作不良 2. 臂杆缩回,钢丝绳断裂 3. 臂杆卡住 4. 选择阀工作不良 5. ACS 系统处于动作状态	1. 检修 2. 更换 3. 检查臂杆、活塞杆及滑动杆 4. 检查电磁阀 5. 检查 ACS 系统及自停电磁阀
臂杆自动缩回	1. 伸缩缸内漏 2. 伸缩缸锁紧阀工作不良 3. 油缸或管路向外漏油	1. 拆检并更换密封 2. 检修 3. 检修
臂杆伸出时波动	1. 伸缩液压回路油压不足 2. 臂杆润滑不良 3. 臂杆变形、卡住 4. 伸缩缸活塞杆弯曲 5. 伸缩液压回路中混入空气	1. 检查安全阀、液压泵、控制阀 2. 润滑 3. 检查臂杆、调整滑动板 4. 拆检校正 5. 检查其管路并排气

五、实训考核标准

设置故障，让学生进行故障诊断与排除。

参 考 文 献

［1］ 姚美红，栾琪文．汽车构造与拆装实训教程．北京：机械工业出版社，2013.

［2］ 房颖．汽车拆装实训．北京：机械工业出版社，2015.

［3］ 曲健．汽车发动机拆装实训．北京：机械工业出版社，2010.

［4］ 郭建东，殷晓飞．汽车底盘拆装与检修实训．北京：机械工业出版社，2015.

［5］ 蔡兴旺．汽车构造与原理实训．北京：机械工业出版社，2015.

［6］ 曹红兵．汽车发动机构造与维修实训指导．北京：机械工业出版社，2014.

［7］ 曹红兵．汽车底盘构造与维修实训指导．北京：机械工业出版社，2014.

［8］ 王洪广，林世明．汽车发动机电控系统诊断与维修实训教程．北京：化学工业出版社，2015.

［9］ 宋麓明．汽车认识实训．第2版．北京：人民交通出版社，2015.

［10］ 董彬．浅析工程机械故障的诊断方法．甘肃科技纵横，2012，41（06）：31-32.

［11］ 陈强．工程机械的故障诊断技巧．建设机械技术与管理，2008，21（06）：121-122.

［12］ 赵常复，韩进．工程机械检测与故障诊断．北京：机械工业出版社，2011.

［13］ 颜荣庆，李自光，贺尚红．现代工程机械液压与液力系统——基本原理·故障分析与排除．北京：人民交通出版社，2001.

［14］ 焦福全，刘红兵．工程机械故障剖析与处理．北京：人民交通出版社，2001.

［15］ 高秀华，姜国庆，王力群等．工程机械结构与维护检修技术．北京：化学工业出版社，2004.

［16］ 杨国平．现代工程机械故障诊断．北京：机械工业出版社，2009.